Studienbücher

BIOLOGIE

Horst Hassinger
Rolf-Dieter Wiebusch

Experimentelle Enzymologie

DIESTERWEG · SALLE
Frankfurt am Main · Berlin · München

VERLAG SAUERLÄNDER
Aarau · Frankfurt am Main

CIP-Kurztitelaufnahme der Deutschen Bibliothek

Hassinger, Horst
Experimentelle Enzymologie / Horst Hassinger; Rolf-Dieter Wiebusch. – 1. Aufl. – Frankfurt am Main, Berlin, München: Diesterweg-Salle; Aarau, Frankfurt am Main: Sauerländer, 1977.
(Studienbücher Biologie)
ISBN 3-425-05345-0 (Diesterweg-Salle)
ISBN 3-7941-1566-X (Sauerländer)
NE: Wiebusch, Rolf-Dieter:

Buchbestellnummern: Diesterweg 5345
Sauerländer 08 01566

Horst Hassinger und Rolf-Dieter Wiebusch
Experimentelle Enzymologie
Studienbuch Biologie

Illustrationen: Annemarie Schelbert
Umschlagentwurf: Hetty Krist-Schulz

Herstellung: Sauerländer AG, Aarau
Printed in Switzerland

ISBN 3-425-05345-0 (Diesterweg)
ISBN 3-7941-1566-X (Sauerländer)

VORWORT

«Jede Lebensäußerung läßt sich auf biochemische Vorgänge zurückführen. Was die Biologen jahrhundertelang an Erscheinungen beobachtet und beschrieben haben, versucht heute die Biochemie mittels chemischer und physikalischer Methoden zu erforschen. Dabei dringt sie bis in die Größenordnungen der Moleküle vor, aus deren Eigenschaften und Reaktionen sie die Grundphänomene des Lebendigen zu erklären vermag. Eine besondere Gruppe von Molekülen hat man unter dem Begriff **Enzyme** zusammengefaßt. Da sie für den Ablauf biologischer Mechanismen unumgänglich notwendig sind, kann man ihre Bedeutung in dem Satz zusammenfassen: *Ohne Enzyme kein Leben.*»[1]

Die Denk- und Arbeitsweisen der Biochemie, die in den biologischen Wissenschaften und in der Medizin zu neuen Fragestellungen und vielen neuen Erkenntnissen führten, dringen seit einigen Jahren auch in den Unterricht der Schulen vor. Dies geschieht leider nur sehr langsam und unter zumeist unzulänglichen Voraussetzungen, obwohl gerade die Besprechung biochemischer Zusammenhänge präzisere Aussagen zum biologischen Geschehen zulassen. Am Beispiel der Enzymologie kann nach unserer Auffassung besonders gut in die biochemische Arbeit eingeführt werden, da die Enzyme an allen Vorgängen des Stoffwechsels, der Energiegewinnung und Atmung, der Bewegung, des Wachstums, der Vermehrung und der Reizbarkeit eines Organismus, kurz an den Kennzeichen eines Lebewesens maßgeblich beteiligt sind. Dem Schüler kann die Einsicht in die ungeheure Vielfalt der Lebensvorgänge erleichtert werden, wenn man ihm durch die Beschäftigung mit der Enzymologie verbindende Parallelen innerhalb biochemischer Reaktionen aufzeigt und ihn durch die Besprechungen enzymatischer Reaktionsmöglichkeiten in die Lage versetzt, Voraussagen über Reaktionen zu treffen und ihren biologischen Sinn und Nutzen zu verstehen. Trotz der aufgezeigten zweifachen Bedeutung der Enzyme findet sich in der Schulbuchliteratur unseres Wissens keine zusammenfassende Darstellung zur Enzymologie.

Hier soll das vorliegende Buch helfen, Lehrer und Schüler in der höheren Schule, an MTA- und BTA-Ausbildungsstätten zu einer Beschäftigung mit Enzymsystemen anzuregen. Mit Blick auf die reformierten Curricula, in denen größere geistige und manuelle Selb-

---

[1] *W. W. Zöller*, Enzyme – Katalysatoren der Zelle, in: Der Biologieunterricht 5 (4), 29, 1969.

ständigkeit der Schüler gefordert werden, erschien es uns geboten, die Enzymologie in Form eines Arbeitsbuches darzustellen. Dabei haben wir uns bemüht, die Experimente in einen breiten theoretischen Rahmen zu stellen, um so eine enge Verbindung von Theorie und Experiment zu schaffen. Dies bedeutet allerdings nicht, daß demjenigen, der sich nicht experimentell betätigen kann, der Weg zu den Gesetzmäßigkeiten der Enzymreaktionen verschlossen bleibt. Theorie und Praxis bilden sich ergänzende selbständige Einheiten. Wir sind uns darüber im klaren, daß durch die Art der Darstellung viele der aufgeführten Versuche den Charakter der Bestätigung deduktiver Behauptungen haben könnten, wenn der Leser Theorie und Experiment beim Studium des Buches stets hintereinander folgen läßt. Wir können uns aber andererseits aufgrund unserer Schulpraxis vorstellen, daß Schüler und Lehrer bei der Erarbeitung eines Teilgebietes der Enzymologie das Experiment an den Anfang ihres Bemühens stellen und induktiv vom Versuchsergebnis über eine Arbeitshypothese zur Theorie gelangen. Dann hätte das Buch den Charakter eines begleitenden Praktikumsbuches.

Um diesen Weg beschreiten zu können, waren wir bemüht, zu jedem Kapitel mehrere Versuche anzubieten, wobei wenigstens ein Versuch eine *quantitative Auswertung* erlaubt. Bei der Auswahl der Versuche hatten wir weiterhin die materielle und finanzielle Ausrüstung unterschiedlicher biologischer Schulsammlungen zu berücksichtigen; es galt, Alternativversuche so auszuwählen, daß sie mit mehr oder weniger großem apparativen Aufwand zur Lösung der jeweiligen Fragestellung beitragen können. In diesem Zusammenhang möchten wir darauf hinweisen, daß das Kapitel 6 (Herkunft und Isolierung der Enzyme) neben seiner pädagogischen Relevanz auch mit Rücksicht auf die begrenzten Möglichkeiten vieler Schulsammlungen hier aufgenommen wurde. Um die Mehrzahl der Schüler, die nur über Grundkenntnisse aus der Physik und Chemie verfügen, nicht zu überfordern, haben wir nur wenige chemische Zusammenhänge vorausgesetzt oder, wenn es unumgänglich war, in den Kapiteleinleitungen eine verkürzte Einführung in die chemischen Grundlagen gegeben.

Da die Kapitel als abgeschlossene Einheiten dargestellt sind, kann ein Lehrer bei einer bestimmten Unterrichtssituation ein Kapitel oder einen beispielhaften Versuch für die Fortführung seines Unterrichts aus dem Gesamtzusammenhang herausnehmen. Dem weiterarbeitenden Schüler erleichtern dann aufgezeigte Querverbindungen den Erkenntnisweg. Die Aufgaben im Anschluß an die theoretischen Ausführungen bzw. an die Versuche können sowohl als Einstieg in die Enzymologie als auch als Brücke von den sehr abstrakten, zumeist losgelöst vom biologischen Geschehen verlaufenden Versuchen zum Stoffwechselgeschehen dienen. Sie können also sowohl bei der induktiven als auch bei der deduktiven Arbeitsweise gestellt werden. Auch dem Studenten im Grundstudium der Biologie kann dieses Buch aufgrund von Aufgabenstellungen, die bewußt die Anforderungen in der gymnasialen Oberstufe übersteigen, Anregungen zu weiterführenden Überlegungen geben.

INHALTSVERZEICHNIS

VERSUCHE ZUR ENZYMOLOGIE

Versuche, in denen die Reaktion eines Enzyms mittels photometrischer Verfahren sichtbar gemacht werden kann, sind mit * gekennzeichnet.

1 HINWEISE ZUM GELINGEN VON ENZYMEXPERIMENTEN

1. Die Arbeitsanweisungen zu den Versuchen sind gründlich zu studieren und genau zu beachten.
2. Schon vor der Ausführung sollte man sich über das Ziel des Versuchs Klarheit verschaffen und Gedanken zum versuchsbegleitenden Protokoll machen.
3. Am Arbeitsplatz sollten größte Sauberkeit und Ordnung herrschen.
4. Die benötigten Versuchsmaterialien sind vor Beginn des Versuches vollständig zusammenzustellen.
5. Die Glasgeräte sollten peinlich sauber und trocken sein.
6. Um Verwechslungen zu vermeiden, sind alle Geräte und Materialien für den Versuch genau und dauerhaft zu beschriften (Fettstift, Faserschreiber).
7. Enzyme, Enzymextrakte und empfindliche Chemikalien sind kühl aufzubewahren und erst unmittelbar vor Gebrauch bereitzustellen.
8. Nach Beendigung des Versuchs sind die Geräte und Materialien abzuräumen, der Tisch ist zu reinigen.
9. Die Glasgeräte sind nach dem Versuch mit einem Spülmittel zu säubern, mit destilliertem Wasser nachzuspülen, im Wärmeschrank zu trocknen und staubfrei aufzubewahren.
10. Das Versuchsprotokoll ist so schnell wie möglich auszuwerten.

2 GESCHICHTE DER ENZYMFORSCHUNG

Die Anfänge der Enzymforschung sind eng verknüpft mit der Aufklärung der schon seit dem Altertum bekannten alkoholischen Gärung. Nachdem *Gay-Lussac* 1815 die Bruttoreaktionsgleichung für die alkoholische Gärung aufgestellt hatte, erklärten sie *Berzelius* und *Liebig* (1836–39) unter Verwendung des von *Berzelius* im Jahre 1820 geprägten Begriffs «*Katalysator*» als einen katalytischen Vorgang; nach dieser Gärungstheorie sollten sich Eiweißbestandteile, die mit der Hefe in die Zuckerlösung gelangen, zersetzen und rein chemisch (katalytisch) den Zerfall der Zuckermoleküle bewirken. In diesem Zusammenhang mag angemerkt sein, daß *Liebig* anfänglich die Meinung vertrat, daß Hefe nicht aus lebenden Zellen bestehe.
Der Theorie von *Berzelius* und *Liebig* stellte *Pasteur* 1857 seine von den Anschauungen des Vitalismus geprägte Gärungstheorie gegenüber. Nach seiner Theorie sollten allein die lebenden Hefezellen zur Zuckerspaltung befähigt sein und sich während des von ihnen bewirkten Spaltungsprozesses rasch vermehren.
Neben den Gärungen hatte man bis zur Mitte des 19. Jahrhunderts einige Verdauungsvorgänge kennengelernt, die im Organismus, aber auch außerhalb der Zellen abliefen: 1833 entdeckten *Payen* und *Persoz* die diastatische Wirkung von Gerstenmalz; 1836 erkannte *Schwann* die Wirkung des von den Drüsen der Magenschleimhaut abgesonderten Pepsins.
Die löslichen, auch außerhalb der Zelle wirksamen Stoffe nannte man «*ungeformte Fermente*»[1] und unterschied sie von den an die lebende Zelle gebundenen «*geformten Fermenten*». *Kühne* schlug 1876 für «ungeformtes Ferment» den Namen «**Enzym**»[2] vor.
Die Widersprüche in den Gärungs-, Ferment- und Enzymtheorien wurden 1897 durch ein Experiment *Eduard Buchners* geklärt. Er zerrieb Hefezellen so lange mit Hilfe von Sand, bis alle Zellen zerstört waren. Der filtrierte, zellfreie Hefepreßsaft rief ebenso wie intakte Zellen die alkoholische Gärung einer Zuckerlösung hervor. *E.* und *H. Buchner* folgerten in ihrer Theorie von der zellfreien Gärung, daß in dem zellfreien Preßsaft ein gärkräftiges, von den Hefezellen erzeugtes Enzym enthalten ist, das sie Zymase nannten.
Mit dieser Theorie fielen auch die Begriffe «Ferment» und «Enzym» zusammen; in der Literatur wird heute vornehmlich der Ausdruck **Enzym** benützt.

---

[1] *fementatio* (lat.), Gärung. [2] (gr.), im Sauerteig.

Die wichtigsten Daten aus der Geschichte der Enzymologie sind in der folgenden Tabelle 1 zusammengestellt.

Tabelle 1. *Daten aus der Geschichte der Enzymologie (z. T. nach Karlson 1974)*

Jahr	Entdeckung	Forscher
1833	Diastatische Wirkung von Gerstenmalz	*Payen* und *Persoz*
1836	Drüsen der Magenschleimhaut sondern das Pepsin ab	*Schwann*
1836–39	Gärung ist ein chemisch-katalytischer Vorgang	*Berzelius* und *Liebig*
1837	Untersuchung der enzymatischen Spaltung von Amygdalin mit Mandel-Emulsion	*Liebig* und *Wöhler*
1847	Diastatischer Abbau der Stärke zu Maltose	*Dubrunfaut*
1857	Vitalistische Gärungstheorie; Gärung ist an die lebende Zelle gebunden	*Pasteur*
1893	Klassifizierung der Fermente als Katalysatoren im Sinne der physikalischen Chemie	*W. Ostwald*
1897	Zellfreie Gärung mit Hilfe von Hefepreßsäften	*E.* und *H. Buchner*
1905	Rolle der Phosphorsäure bei der Gärung	*Harden* und *Young*
1913	Theorie der Enzymkinetik	*Michaelis* und *Menten*
1926	Erstes kristallisiertes Enzym (Urease)	*Sumner*
1932	Die «gelben Fermente» (Coenzyme, Flavinenzyme) wirken zusammen mit Cytochromen in der Atmungskette	*Warburg*, *Theorell*
1935–36	Isolierung der Flavincoenzyme; Vitamine sind Bestandteile der Coenzyme	*v. Euler*, *Theorell* und *Warburg*
1944	Wirkungsweise der Erbfaktoren über Enzyme	*Butenandt; Kühn*
1959	Strukturermittlung der Ribonuklease	*Hirs*, *Stein* und *Moore*
1961	Modell zur Regulation der Genaktivität	*Jacob* und *Monod*
1963	Modell zur allosterischen Hemmung von Enzymen	*Changeux*, *Jacob* und *Monod*
1965	Raummodell des Lysozyms	*Phillips* und Mitarbeiter
1969	Erste Synthese eines Enzyms (Ribonuklease)	*Denkewalter* und *Hirschmann; Gutte* und *Merrifield*

3 DER AUFBAU DER ENZYME

Die bisher bekannten Enzyme sind chemisch gesehen entweder Proteine, d.h. Eiweißmakromoleküle mit hohem Molekulargewicht (10000 bis einige Millionen u), oder sie enthalten neben dem Protein noch einen «Nicht-Protein-Anteil» (z.B. Metallionen, Hämgruppen, Flavinnukleotide), so daß sie stofflich zu den *Proteiden* zu rechnen sind. Bei den zusammengesetzten Enzymen bezeichnet man den Proteinanteil oft als **Apo-Enzym** (Träger), die dazutretende Gruppe als **Coenzym** oder **prosthetische Gruppe.** *Apoenzym* und *Coenzym* allein sind wirkungslos, erst die aus beiden zusammengesetzte Verbindung, das **Holoenzym,** ist aktiv.

Als Bausteine der Proteine hat die analytische Chemie mit verschiedenen Methoden (Hydrolyse, Chromatographie, Dialyse u.a. (s.10.7 bis 10.9) 20 Aminosäuren erkannt, die in der Tabelle 2 zusammengestellt sind. Alle Aminosäuren enthalten zwei funktionelle Gruppen: die Aminogruppe $-\mathbf{NH_2}$ und die Carboxylgruppe $-\mathbf{COOH}$. Da beide Gruppen sich an dem gleichen Kohlenstoffatom, dem α-Kohlenstoffatom, befinden, spricht man auch von α-Aminosäuren. Es ist aus den Strukturformeln der Aminosäuren leicht zu erkennen, daß jedes α-Kohlenstoffatom noch ein Wasserstoffatom und einen organischen Rest ($-\mathbf{R}$) trägt (Ausnahme Glycin), der letztlich für die betreffende Aminosäure charakteristisch ist. Als allgemeine Formel für die α-Aminosäuren können wir ableiten:

$$\begin{array}{c} \mathrm{H} \\ | \\ \mathrm{R{-}C{-}COOH} \\ | \\ \mathrm{NH_2} \end{array}$$

Aus dieser Formel erkennen wir weiter, daß das α-Kohlenstoffatom vier verschiedene Substituenten trägt, also *asymmetrisch* ist. Aus der allgemeinen Chemie wissen wir, daß Stoffe mit asymmetrischen Kohlenstoffatomen *optisch aktiv* sind, d.h. in der Lage sind, die Polarisationsebene von polarisiertem Licht um einen bestimmten Winkel in bestimmter Richtung zu drehen[1].

Optisch aktive Stoffe besitzen zwei räumlich verschiedene, zueinander spiegelbildliche Konfigurationen, die man als **L-** und **D-**Form bezeichnet.

---

[1] Näheres s. Lehrbücher der Chemie, z.B. *H.R.Christen,* Einführung in die Chemie, Diesterweg-Salle/Sauerländer, Frankfurt am Main/Aarau 1975, S.353.

L D

NH_2-Gruppe steht links — NH_2-Gruppe steht rechts

L = *laevus* = links — **D** = *dexter* = rechts

Ein Vergleich mit der Tabelle 2 zeigt, daß die Aminosäuren der Lebewesen L-α-Aminosäuren sind.
Löst man Aminosäuren in Wasser, so kann man feststellen, daß die Aminogruppe in der Lage ist, ein Proton (Wasserstoffion, $H^{\oplus}$) aufzunehmen, und daß die Carboxylgruppe ein Proton abzuspalten vermag.

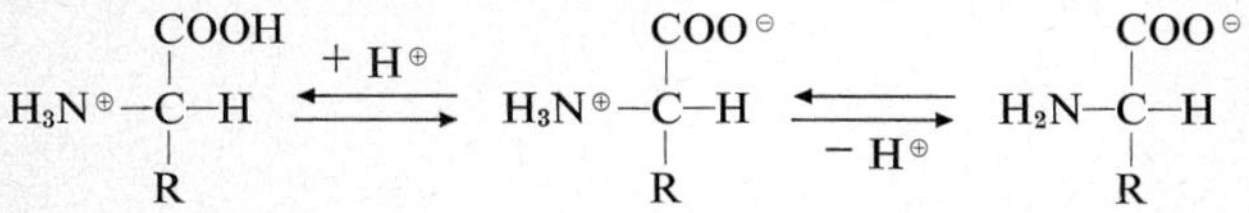

I II III

Abhängig von der Wasserstoffionenkonzentration der Umgebung (pH-Wert) kann eine Aminosäure als Kation (I) oder Anion (III) vorliegen. Besonders hervorzuheben ist, daß Aminosäuren *Zwitterionen* bilden können (II). Den pH-Wert, bei dem überwiegend diese Zwitterionen vorliegen, bezeichnet man als **isoelektrischen Punkt** (IEP); das Molekül ist nach außen hin ungeladen, obwohl es im Molekül jeweils eine positive und negative Ladung trägt.
Aminosäure-Moleküle können über ihre funktionellen Gruppen miteinander so reagieren, daß aus zwei oder mehreren Aminosäuren-Molekülen höher molekulare Stoffe entstehen. Die Verbindung erfolgt stets so, daß die Carboxylgruppe eines Moleküls mit der Aminogruppe eines anderen Moleküls der gleichen oder einer anderen Aminosäureart unter Wasserabspaltung reagiert.

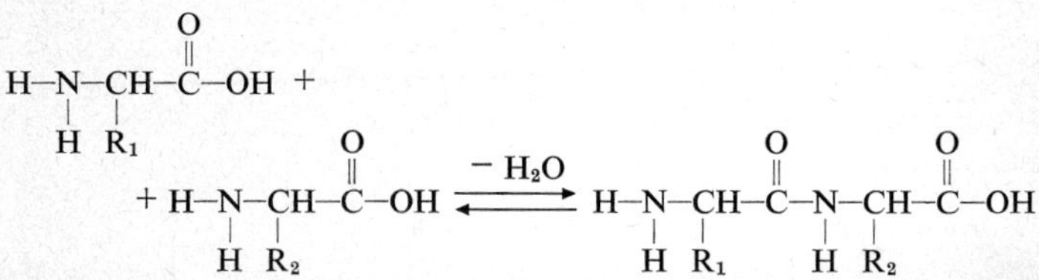

Die Bindung mit der kennzeichnenden Gruppe

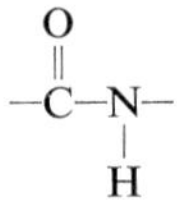

bezeichnet man als **Peptidbindung.**

Das entstandene Dipetid kann an jedem Molekülende mit weiteren Aminosäuren reagieren. Je nach der Zahl der Aminosäuren, die sich über der Peptidbindung vereinigen, spricht man von Di-, Tri-, Tetra-, ... Oligopeptiden (bis zehn) oder Polypeptiden (viele).
Polypeptide, in denen 100 bis mehrere 1000 Aminosäurereste zu einer Kette zusammengefügt sind, nennt man **Proteine.** Aus der großen Zahl der verknüpften Aminosäuren (mit Molekulargewichten um 150 u) erklärt sich auch das hohe Molekulargewicht der Proteine.

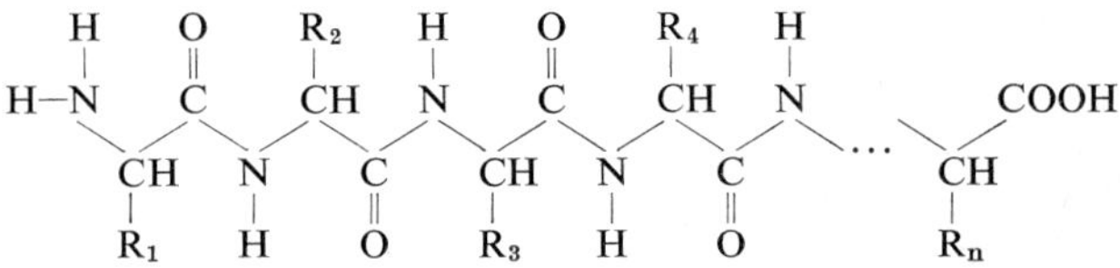

Struktur einer Polypeptidkette

Proteine, die in Lebewesen aufgebaut werden, bezeichnet man als *natürliche* (native) *Proteine* oder *Eiweiße*. Die Reihenfolge *(Sequenz)* der Aminosäuren in ihren Ketten ist genetisch festgelegt (genetisch codiert durch die Reihenfolge der Nukleotidbasen in den Genen).

Tabelle 2. *Die wichtigsten Aminosäuren*

Gruppe I)	Aminosäuren mit unpolarem Rest **R**, also mit einer reinen Kohlenwasserstoff-Seitenkette
Gruppe II)	Aminosäuren mit nichtionisierten, aber polar wirkenden Gruppen (**–OH**, **–SH**, **–CO**, **–NH_2**) in der Seitenkette
Gruppe III)	Saure Aminosäuren, «Amino-dicarbonsäuren»; sie enthalten eine zweite Carboxylgruppe im Rest **R**
Gruppe IV)	Basische Aminosäuren oder «Diamino-monocarbonsäuren»; sie enthalten noch eine zusätzliche basische Gruppe

(aus: *P. Karlson,* Kurzes Lehrbuch der Biochemie, Thieme Verlag, Stuttgart 1974)

I)

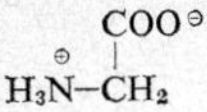

Glycin
(Gly)

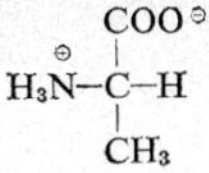

L-Alanin
(Ala)

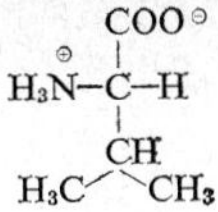

L-Valin
(Val)

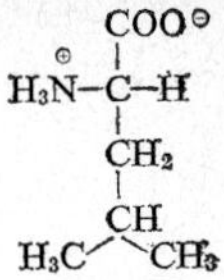

L-Leucin
(Leu)

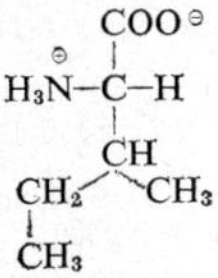

L-Isoleucin
(Ile)

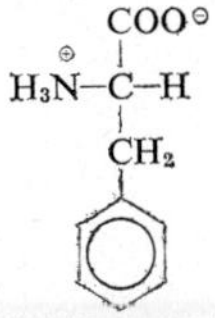

L-Phenylalanin
(Phe)

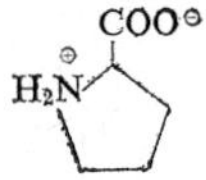

L-Prolin
(Pro)

II)

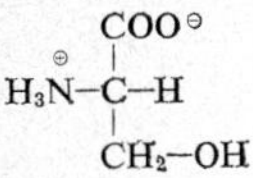

L-Serin
(Ser)

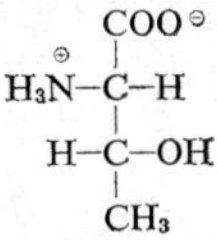

L-Threonin
(Thr)

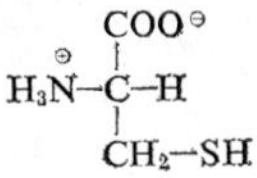

L-Cystein
(Cys)

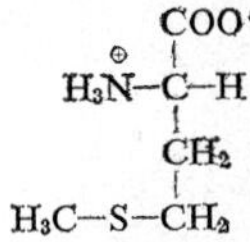

L-Methionin
(Met)

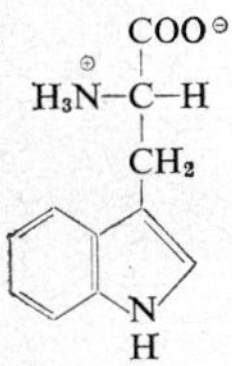

L-Tryptophan
(Trp)

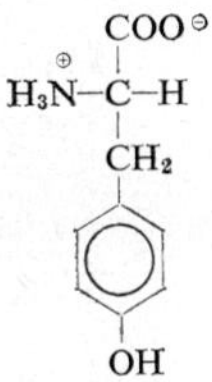

L-Tyrosin
(Tyr)

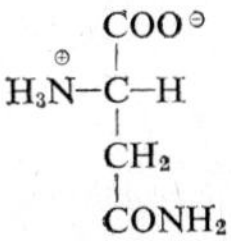

L-Asparagin
(Asp·NH_2
oder Asn)

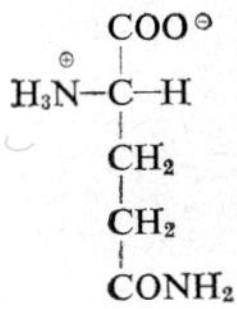

L-Glutamin
(Glu·NH_2
oder Gln)

III)

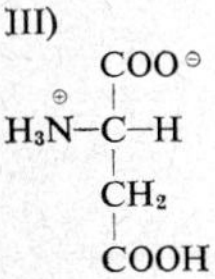

L-Asparaginsäure
(Asp)

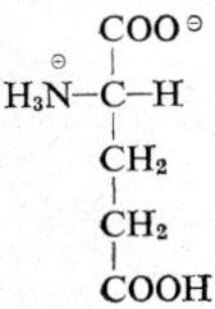

L-Glutaminsäure
(Glu)

IV)

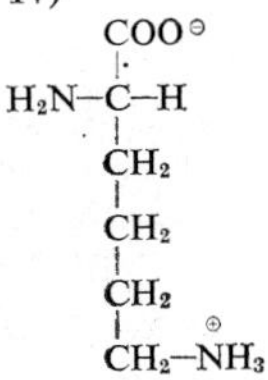

L-Lysin
(Lys)

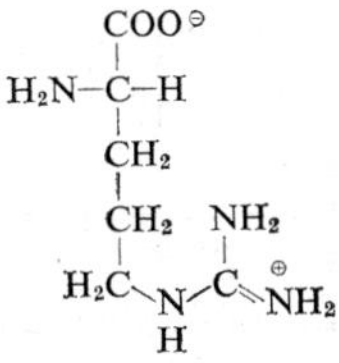

L-Arginin
(Arg)

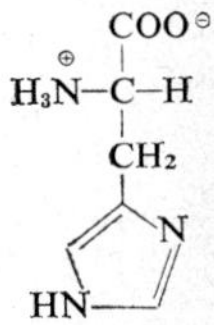

L-Histidin
(His)

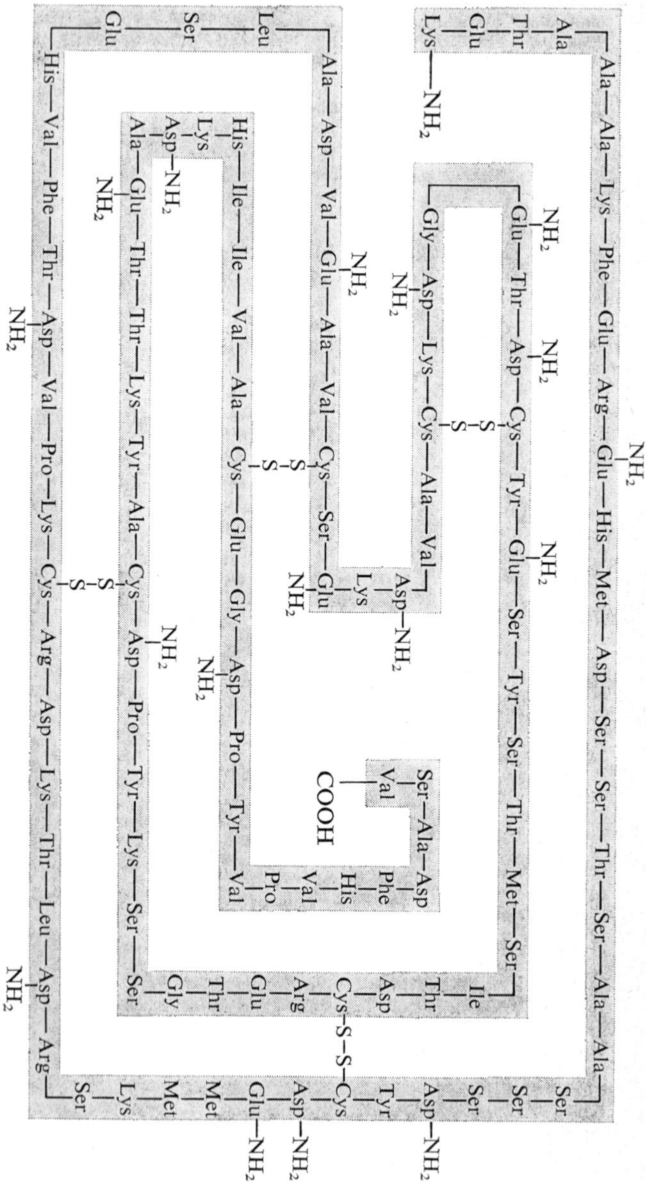

Abb. 1. **Aminosäuresequenz der Ribonuklease** (Abkürzungen für die Aminosäuren s. Tabelle 2)
(aus: *A. Betz*, Enzyme, Verlag Chemie, Weinheim 1974, S. 20)

Die Aminosäuresequenz bezeichnet man als die Grund- oder **Primärstruktur** des Proteins. Es ist leicht einzusehen, daß mit der Sequenz auch die Gesamtzahl und das Molekülverhältnis der Aminosäuren in einem Protein festgelegt sind. Die erste Sequenzanalyse eines Proteins wurde für das Hormon Insulin durchgeführt (*Sanger* 1954), die erste Aufklärung der Primärstruktur eines Enzyms gelang bei der Ribonuklease durch *Hirs, Stein* und *Moore* im Jahre 1959 (s. Abb. 1).
Die Abbildung verdeutlicht, daß das Enzymprotein nicht eine langgestreckte Makromolekülkette ist, sondern mehr oder weniger stark gefaltet ist. Eingehendere Untersuchungen, auf die hier allerdings nicht näher eingegangen werden kann, ergaben, daß in Proteinen die Polypeptidkette schraubenförmig um eine imaginäre Achse gewunden ist und die Reste der Aminosäuren nach außen zeigen. Diese **Sekundärstruktur** wurde von *Pauling* als **α-Helix** bezeichnet (s. Abb. 2).
Die Atome der Peptidbindung werden in der Helix in so enge Nachbarschaft gebracht, daß sich an bestimmten Stellen Wasserstoffbrücken ausbilden können:

$$>C{=}O\cdots\cdots\cdots H{-}N<$$
$$|\leftarrow 2{,}8 \cdot 10^{-10}\,\mathrm{m} \rightarrow|$$

Mit Hilfe der relativ schwachen Bindungskräfte der Wasserstoffbrücken wird die α-Helix stabilisiert.
In wäßrigem Milieu, in dem die Proteine (Enzyme) meist vorliegen, dringen Wassermoleküle in das Molekül ein und verändern seine Sekundär- zur **Tertiärstruktur.** Dabei wenden sich die polaren Gruppen des Proteinmoleküls (polare Aminosäurereste, s. Tabelle 2) nach außen, während die apolaren Reste überwiegend im Innern des Moleküls liegen. Die verschiedenen Gruppen der Aminosäurereste können zusätzliche Bindungen eingehen und dadurch das Molekül weiter festigen; kommen z. B. zwei Cysteinreste mit ihren freien **SH**-Gruppen nahe zusammen, so wird unter Abspaltung von Wasserstoff (mit Hilfe von NAD^+) eine Disulfidbrücke aufgebaut.

$$>CH{-}CH_2{-}SH \quad HS{-}CH_2{-}CH<$$
$$\downarrow -2H$$
$$>CH{-}CH_2{-}S{-}S{-}CH_2{-}CH<$$

Bei der Ausbildung der Tertiärstruktur wird das Proteinmolekül mehr oder weniger stark gefaltet und zu einem Knäuel verbogen; die Proteinchemie bezeichnet solche Moleküle als globuläre (kugelige) Proteine (s. Abb. 3).

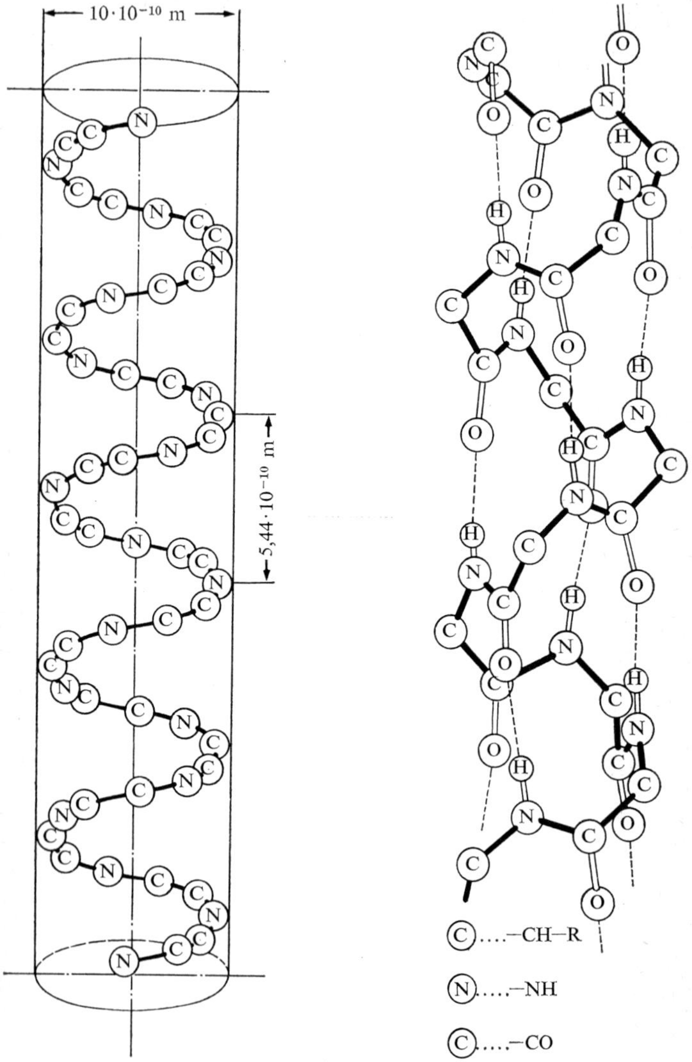

Abb. 2. **Die α-Helix**

(aus: *K. Klein,* Praktische Biochemie, Verlag Quelle & Meyer, Heidelberg 1975), mit geänderter Maßbezeichnung

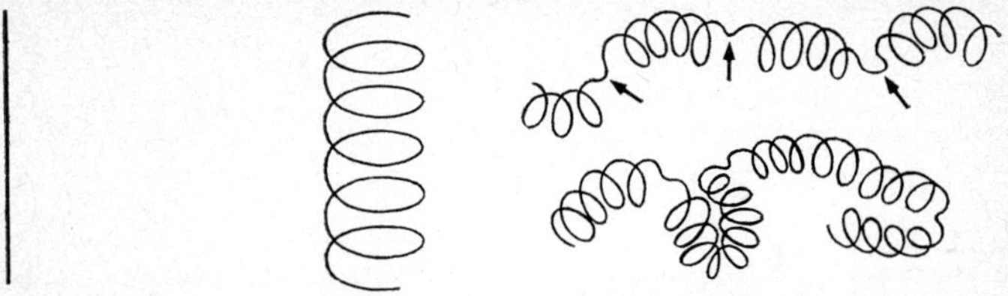

Abb. 3. **Modell zur Veranschaulichung der Primär-, Sekundär- und Tertiärstruktur eines Proteins**

(aus: *D. Todt* u. a., Funkkolleg Biologie, Studienbegleitbrief 3, S. 13, Beltz Verlag, Weinheim/Basel 1973)

Schließen sich nun zwei oder mehrere Polypeptidketten zusammen, die auf die eben beschriebene Art verknäuelt sind, so nennt man die räumliche Anordnung dieses Proteins **Quartärstruktur.** Im Katalase-Molekül sind z. B. 4 Ketten, im Alkoholdehydrogenase-Molekül 2 Ketten zusammengelagert. In den Proteid-Enzymen legen sich die Ketten an den Nichtpeptidanteil an; das kann wie bei der Cytochromoxidase ein Eisen-Porphyrinring oder wie bei der Tyrosinase (= Phenol-Oxidase) ein Cu^{2+}-Ion sein.
Durch die Sekundär-, Tertiär- und Quartärstruktur werden an dem Enzymmolekül räumliche Strukturen gebildet, an die das Substratmolekül gebunden werden kann (Enzym-Substrat-Komplex, s. Kapitel 4 und 7.2). Der Substratbindungsort ist in dem Enzymmolekül in einem charakteristischen Bereich von etwa 1,5 nm zu suchen (*Grimme* 1969, S. 160), den man als «**aktives Zentrum**» bezeichnet. Die Elektronenanordnung in den Atomen des aktiven Zentrums kann die Elektronenanordnung in einem Teil des Substratmoleküls so verändern (es bildlich gesprochen so verbiegen), daß es zu einer Herabsetzung der Aktivierungsenergie und zum Ablauf der spezifischen Reaktion kommen kann.
Der Proteincharakter der Enzyme macht eine Reihe ihrer Reaktionen verständlich. Wie die Aminosäuren sind auch die Enzyme in der Lage, *Zwitterionen* zu bilden (Aminosäurereste in der Seitenkette), d. h. ein Enzym kann abhängig vom pH-Wert $H^{\oplus}$-Ionen anlagern oder abdissoziieren. Bei einem bestimmten pH-Wert, dem isoelektrischen

Punkt (IEP), liegen die gleiche Anzahl von $NH_3^{\oplus}$- und $COO^{\ominus}$-Gruppen im Molekül vor, und es zeigt nach außen ein Minimum an elektrischer Ladung. Das Minimum an elektrischer Ladung bedingt zugleich eine Reihe von Eigenschaften der Enzyme am IEP, so zeigen die Enzyme hier ein Minimum der *Wanderung im elektrischen Feld,* ein Minimum der *Löslichkeit,* aber ein Maximum der *Spreitungsfähigkeit* (Aufknäuelung der Proteine) und der *Koagulierbarkeit* (Ausfällung). Diese Eigenschaften kann man zur Isolierung der Enzyme benützen (s. Kapitel 6). Durch Einstellen des Enzymgemisches auf den IEP und durch Zugabe von Neutralsalzen (z.B. Ammoniumsulfat, Magnesiumsulfat) wird das Enzym *ausgeflockt* (= ausgesalzt). Durch Zugabe von Wasser kann es wieder gelöst werden. Bei diesem umkehrbaren *(reversiblen)* Vorgang behalten die Enzyme ihren Aufbau und ihre Funktionsfähigkeit.
Im Gegensatz dazu steht der *irreversible* Vorgang der *Ausfällung* oder *Koagulation,* der durch stärkeres Erhitzen, pH-Wert-Änderungen, durch Zugabe von Säuren oder Laugen, organische Lösungsmittel oder Schwermetallsalze hervorgerufen wird. In diesen Fällen werden Sekundär-, Tertiär- und Quartärstruktur zerstört, so daß neben den chemischen und physikalischen vor allem die biologischen Eigenschaften der Enzyme zerstört werden; man bezeichnet dies auch als *Denaturierung* des Enzyms. Diese kurzen Ausführungen machen verständlich, daß Enzymreaktionen an bestimmte Einflüsse des Reaktionsgemisches gebunden sind (s. dazu Kapitel 7).
Aufgrund der Untersuchungen zu ihrem Aufbau und ihrer Wirkungsweise kann man heute die Enzyme in drei Gruppen einteilen (nach *Karlson* 1974):

1. Enzyme, die nur aus Protein bestehen

z.B. Ribonuklease, Papain.
Die Faltung der Polypeptidkette an einer bestimmten Stelle des Moleküls bildet zusammen mit einer oder mehreren freien **SH**-Gruppen das «aktive Zentrum».

2. Enzyme mit prosthetischer Gruppe

z.B. Flavoproteine, «gelbes Ferment» mit FAD^+ (Flavin-adenin-dinukleotid) als prosthetischer Gruppe oder Alanin-Transaminase mit Pyridoxalphosphat als prosthetischer Gruppe.
Als prosthetische Gruppe bezeichnet man eine niedermolekulare Nichteiweißverbindung, welche an das Enzymprotein gebunden ist und am Katalysevorgang teilnimmt (s. Abb. 5). Das Holoenzym

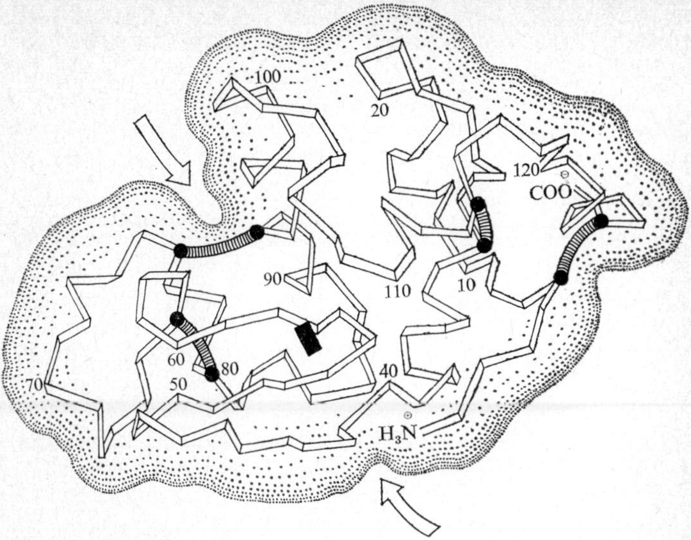

Abb. 4. **Schematischer Bau eines Protein-Enzyms (Lysozym)**

Bei $NH_3^{\oplus}$ beginnt, bei $COO^{\ominus}$ endet die aus 129 Aminosäureresten zusammengesetzte Polypeptidkette. Zwischen den 8 Cysteinresten haben sich 4 Disulfidbrücken ausgebildet (z. B. zwischen den Aminosäureresten 79 und 94). – Die Pfeile weisen auf das spaltförmig in das Molekülinnere eingesenkte aktive Zentrum (umgezeichnet aus: *G. Czihak, H. Langer* und *H. Ziegler,* Biologie, Springer Verlag, Berlin/Heidelberg/New York 1976, S. 30)

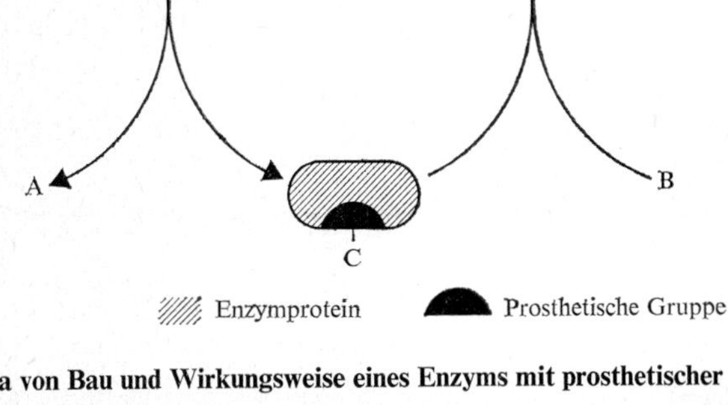

Abb. 5
Schema von Bau und Wirkungsweise eines Enzyms mit prosthetischer Gruppe

reagiert kurz nacheinander mit 2 Substraten (A und B); die prosthetische Gruppe wird durch die Reaktion am ersten Substrat geringfügig verändert, die Reaktion am zweiten Substrat bringt sie am selben Enzymprotein in den alten Zustand zurück.

3. Enzyme mit dissoziablem Coenzym

Coenzyme können sich reversibel vom Enzymprotein lösen. Ein Coenzym reagiert mit einem Enzym wie ein zweites Substrat und wird darum auch als Co-Substrat bezeichnet. Nach der ersten Umsetzung löst sich das chemisch veränderte Coenzym vom Apoenzym und lagert sich an ein zweites Enzymprotein an. Die dort stattfindende Substratumsetzung bringt es wieder in seine Ausgangsform zurück. Es kann sich erneut lösen und in den Reaktionskreislauf einschleusen. Coenzyme übertragen Wasserstoff oder Atomgruppen zwischen den verschiedenen Enzymen (s. Schema in Abb. 6). Sie stellen also das eigentliche Transportsystem im Zellstoffwechsel her. Die katalytische Wirkung des Coenzyms kommt erst durch seine Kopplung mit zwei Enzymen zu einem Enzymsystem zustande.
Die Spezifität des Enzyms – auch die Wirkungsspezifität – liegt im Proteinanteil. Dafür spricht, daß in zahlreichen Fällen dieselben Coenzyme an ganz verschiedenen Reaktionen beteiligt sind; dagegen ist kein Fall bekannt, daß ein Enzymprotein mit verschiedenen Coenzymen verschiedene Wirkungen entfalten kann. Bekannte Coenzyme sind Nicotinamid-adenin-dinukleotid (NAD^+, s. Abb. 25), Adenosintriphosphat (ATP), Nicotinamid-adenin-dinukleotid-phosphat ($NADP^+$, s. Abb. 26).

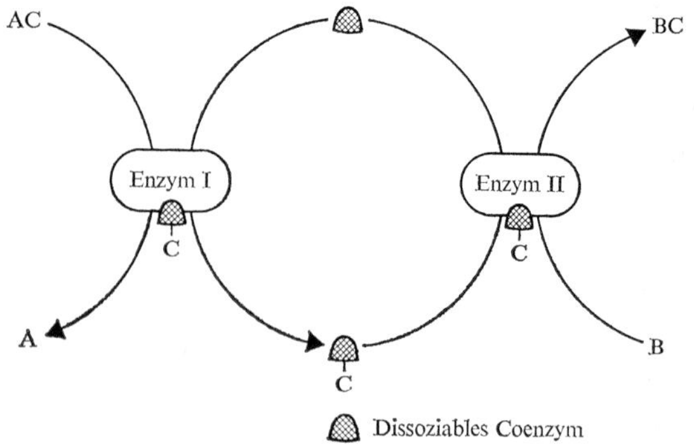

Abb. 6. **Schema von Bau und Wirkungsweise eines Enzymsystems mit dissoziablem Coenzym**

Versuche zum stofflichen Aufbau der Enzyme

Eine einfache, qualitative Analyse der Enzyme läßt sich durch *trockene Destillation* und anschließende Untersuchung der entstandenen Reaktionsprodukte durchführen: Das zu untersuchende Enzym, z.B. Pepsin, Urease, wird in einem Reagenzglas erhitzt, die entweichenden Gase werden mit den aus der qualitativen, chemischen Analyse bekannten Reagenzien geprüft. Bei einer Reihe anderer Enzyme wird man zum sicheren Nachweis der Elemente auf andere Analysenverfahren zurückgreifen müssen (Versuche Nr. 5 und 6). Der Proteinanteil der Enzyme kann durch Farbreaktionen der Eiweißchemie nachgewiesen werden (Versuche Nr. 8 bis 10).
Die im folgenden beschriebenen Versuche zum stofflichen Aufbau der Enzyme eignen sich ebenso für die Untersuchung des stofflichen Aufbaus von Proteinen, da ja Proteine Bestandteile der Enzyme sind. Für die Versuche kann man z.B. Eiklar aus Hühnereiern nehmen.

Versuche zum Nachweis von Kohlenstoff

Versuch Nr. 1

Material

a) Urease oder Pepsin
b) Reagenzglas mit Gasableitungsrohr
c) Bunsenbrenner
d) Stativ mit Halterung
e) Tiegeldeckel

Versuchsdurchführung

Ein Reagenzglas wird schräg in die Halterung an einem Stativ eingespannt. Es wird eine Spatelspitze Urease oder Pepsin eingefüllt und das Reagenzglas mit einem Stopfen und darin befindlichem Gasableitungsrohr verschlossen. Das Enzym wird mit der Bunsenbrennerflamme stark erhitzt: es zersetzt sich unter Bildung von Gasen, die mit den Anleitungen in den Versuchen 3 bis 5 untersucht werden. Den am Ende zurückbleibenden schwarzen Rückstand bringt man auf einen Tiegeldeckel und verbrennt ihn.

Ergebnis

Der schwarze Rückstand zeigt, daß in dem Enzym Kohlenstoff enthalten ist.

Versuch Nr. 2

Material

a) Urease oder Pepsin, Kupfer(II)-oxid (beide im Trockenschrank bei 110 °C getrocknet)
b) Schwer schmelzbares Reagenzglas mit Gasableitungsrohr
c) Bunsenbrenner
d) Waschflasche mit Kalkwasser

Versuchsdurchführung

In das schwer schmelzbare Reagenzglas wird ein Gemisch aus einer Spatelspitze Urease oder Pepsin und zwei Spatelspitzen Kupfer(II)-oxid gegeben. Durch ein Gasableitungsrohr und ein Stückchen Gummischlauch wird das Reagenzglas mit einer Waschflasche verbunden, die zur Hälfte mit Kalkwasser gefüllt ist. Das Reagenzglas wird zunächst schwach, dann bis zur Rotglut erhitzt.

Vorsicht! Nach dem Erhitzen des Reagenzglases sofort die Verbindung Gasableitungsrohr–Waschflasche lösen, um ein Rücksteigen des Kalkwassers zu vermeiden.
Im Anschluß an diesen Versuch können die austretenden Dämpfe auf die Anwesenheit von Wasser mit den Anweisungen in Versuch 3 geprüft werden.

Versuche zum Nachweis von Wasserstoff

Versuch Nr. 3

Material

Wie Versuch Nr. 2 und

e) trockenes Kobaltchloridpapier (Filterpapier wird mit einer 5%igen $CoCl_2$-Lösung getränkt und im Trockenschrank getrocknet; Kobaltchloridpapier ist trocken blau und feucht rot)

Versuchsdurchführung

Wie Versuch 2 oder im Anschluß an Versuch 2. In die aus dem Gasableitungsrohr entweichenden Dämpfe wird ein Stück trockenes Kobaltchloridpapier gehalten.

Ergebnis

Das Kobaltchloridpapier färbt sich rot. Die Farbänderung beruht auf Hydratwasseraufnahme der getrockneten (= wasserfreien) Kobaltchloridkristalle:

$$\underset{\text{blau}}{CoCl_2} \longrightarrow \underset{\text{rot}}{CoCl_2 \cdot 6\,H_2O}$$

Versuch Nr. 4

Material

Wie Versuch Nr. 2 und

f) entwässertes Kupfersulfat (Kupfersulfat wird in einem Reagenzglas erhitzt, bis die blauen Kristalle weiß geworden sind)

Versuchsdurchführung

Nachdem bei Versuch Nr. 2 die Verbindung Gasableitungsrohr–Waschflasche gelöst ist, hält man in die entweichenden Gase ein Stück getrocknetes Kobaltchloridpapier oder leitet die Gase auf entwässertes Kupfersulfat.

Ergebnis

Das Kupfersulfat ändert seine Farbe: $\underset{\text{weiß}}{CuSO_4} \rightarrow \underset{\text{blau}}{CuSO_4 \cdot 5\,H_2O}$

Das Wasser, das in die Kristallverbände aufgenommen wird, kann nur durch die Oxidation von Wasserstoff des Enzyms entstanden sein.

Versuche zum Nachweis von Stickstoff

Versuche Nr. 5 a–d

Material

a) Urease oder Pepsin
b) Natronkalk
c) Konzentrierte Salzsäure
d) Phenolphthaleinlösung
e) Neßlers Reagenz (s. 10.10)
f) Schwer schmelzbares Reagenzglas
g) Bunsenbrenner
h) Gasableitungsrohr

Versuchsdurchführung

Eine Spatelspitze des Enzyms wird im schwer schmelzbaren Reagenzglas mit gepulvertem Natronkalk erhitzt. Die entweichenden Dämpfe werden untersucht:

a) durch eine Geruchsprobe;
b) in die Dämpfe wird an einem Glasstab ein Tropfen konzentrierte Salzsäure gehalten;
c) in die Dämpfe wird an einem Glasstab ein Tropfen Neßlers Reagenz gehalten;
d) die Dämpfe werden in ein Reagenzglas mit Phenolphthaleinlösung geleitet.

Ergebnis

a) Der Geruch zeigt Ammoniak an;

b) an dem Glasstab bildet sich durch die Reaktion von Salzsäure und Ammoniak ein weißer Nebel von Ammoniumchlorid

$$NH_3 + HCl \longrightarrow NH_4Cl;$$

c) der Tropfen mit Neßlers Reagenz färbt sich durch das eindringende Ammoniak orangebraun bis tiefbraun

$$K_2[HgJ_4] \xrightarrow{NH_3} Hg\ [HgJ_3(NH_2)];$$

d) die Phenolphthaleinlösung wird rot; die Reaktion zeigt an, daß eine Lauge gebildet wurde:

$$NH_3 + H_2O \longrightarrow NH_4OH$$

Versuche zum Nachweis von Schwefel

Versuch Nr. 6

Material

a) Urease oder Pepsin
b) Konzentrierte Natronlauge
c) Bleiacetatlösung
d) Reagenzglas
e) Bunsenbrenner

Versuchsdurchführung

In einem Reagenzglas wird eine Spatelspitze des Enzyms mit 1–2 ml konzentrierter Natronlauge und einem Tropfen Bleiacetatlösung gekocht.

Ergebnis

Die Lösung färbt sich nach kurzer Zeit braun bis schwarz. Durch die Zerstörung der Enzymproteine entstehen Sulfidionen, die mit den Bleiionen des Bleiacetats unter Bildung von Bleisulfid reagieren.

Aufgabe

Formulieren Sie die Reaktionsgleichungen für diese Nachweisreaktion!

Versuch Nr. 7

Material

a) Urease oder Pepsin
b) Rauchende Salpetersäure
c) Bariumchloridlösung
d) Erlenmeyerkolben (100 ml)

Versuchsdurchführung

In dem Erlenmeyerkolben werden 2 Spatelspitzen des Enzyms mit 20 ml rauchender Salpetersäure versetzt. Das Gemisch läßt man unter dem *Abzug* (!) 10 min sieden. Nachdem die Lösung langsam abgekühlt ist, fügt man einige Tropfen Bariumchloridlösung hinzu.

Achtung! Bei den Reaktionen dieses Versuches entstehen *giftige,* rotbraune Stickstoffoxid-Gase. Der Versuch ist daher unter dem Abzug durchzuführen.

Ergebnis

Nach Zugabe der Bariumchloridlösung bildet sich ein feiner weißer Niederschlag von Bariumsulfat.
Das Enzym wird durch die heiße, rauchende Salpetersäure zerstört, der Schwefelanteil des Enzyms zu Sulfationen oxidiert. Die Sulfationen wiederum reagieren mit den Bariumionen des Bariumchlorids unter Bildung des weißen Niederschlages von Bariumsulfat.

Nachweise des Proteinbestandteils in Enzymen

Versuch Nr. 8: Xanthoproteinreaktion

Material

a) Enzympulver (Pepsin, Trypsin) oder Enzymlösung aus Extraktionsversuchen (Kapitel 6)
b) Destilliertes Wasser
c) Konzentrierte HNO_3
d) Konzentrierte NaOH
e) Reagenzgläser
f) Bunsenbrenner

Versuchsdurchführung

Eine Spatelspitze Enzym (z. B. Pepsin) oder 1 ml einer Enzymlösung wird im Reagenzglas mit ca. 1 ml konz. Salpetersäure übergossen und vorsichtig erhitzt. Farbänderung! Nach Abkühlen des Gemisches setzt man tropfenweise konz. Natronlauge im Überschuß zu *(Vorsicht!* Überschäumen!).

Ergebnis

Konzentrierte Salpetersäure denaturiert das Enzymprotein unter Bildung eines weißen Niederschlages, der sich beim Erhitzen gelb färbt *(xanthos* [gr.] = gelb). Im alkalischen Bereich schlägt die Farbe nach Orange um.

Die Xanthoproteinreaktion beruht auf der Nitrierung des Benzolkerns in den aromatischen Aminosäuren Phenylalanin, Tyrosin und Tryptophan.

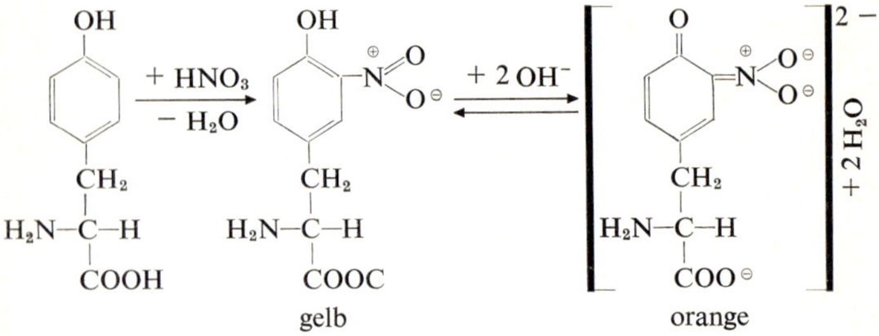

Abb. 7. **Reaktionsablauf Xanthoproteinreaktion** (Beispiel Tyrosin)

Aufgabe

Führen Sie die Xanthoproteinreaktion mit verschiedenen Aminosäuren (Glycin, Alanin, Asparaginsäure; Phenylalanin, Tyrosin, Tryptophan) aus. Führen Sie einen *Blindversuch* durch (Reaktion ohne Zugabe einer Aminosäure). Welche Schlüsse können Sie aus dem Ausfall der Xanthoproteinreaktion im Hinblick auf den Aufbau des Enzymmoleküls ziehen?

Versuch Nr. 9: Biuret-Probe

Material

a) Enzym (Pepsin, Trypsin oder Urease) oder Enzymlösung aus Extraktionsversuchen (Kapitel 6)
b) 2-N NaOH
c) $CuSO_4$-Lösung (ca. 1 % ig)
d) Reagenzgläser
e) Meßpipetten
f) Bunsenbrenner

Versuchsdurchführung

Eine Spatelspitze Enzym wird in einem Reagenzglas mit 2 ml Wasser aufgeschwemmt und mit 2 ml 2-N Natronlauge versetzt. Unter kräftigem Umschütteln gibt man einige Tropfen stark verdünnte (ca. 1 % ige) Kupfersulfatlösung zu. (Mit der Enzymlösung aus den Extraktionsversuchen verfahre man entsprechend.)

Ergebnis

Die Lösung färbt sich intensiv rot bis violett durch die Bildung eines Kupfer-Protein-Komplexes folgender Struktur:

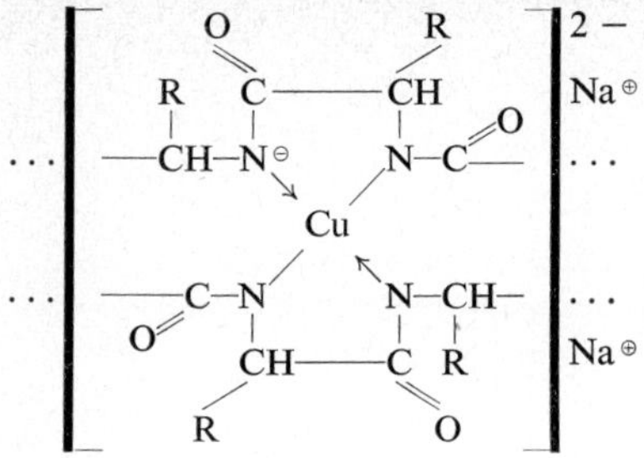

Abb. 8. **Struktur des Kupfer-Protein-Komplexes**

Aufgabe

Wie viele Peptidbindungen müssen in dem zu untersuchenden Enzym zur Bildung eines Komplexes nach Abb. 8 vorhanden sein?
Führen Sie die Biuret-Probe ohne Zusatz eines Enzyms aus. Wie ist die Färbung der Lösung im Blindversuch?

Versuche Nr. 10a und b: Ninhydrin-Probe

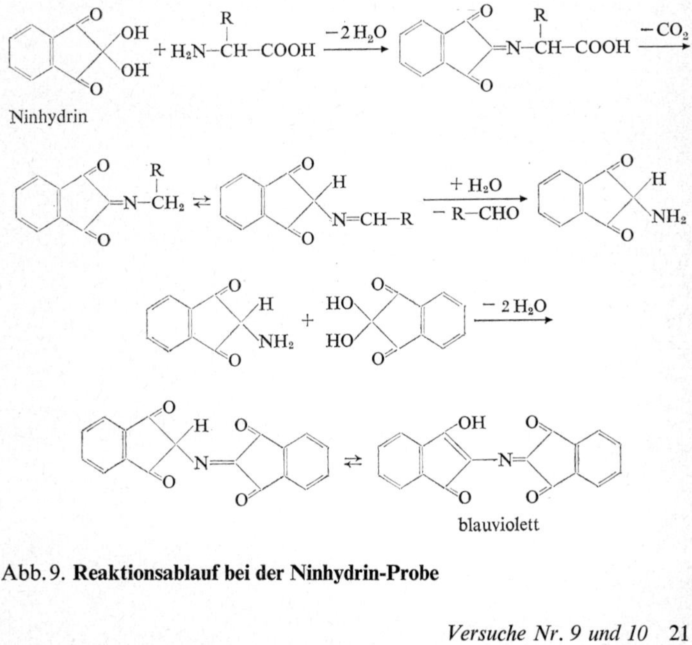

Abb. 9. **Reaktionsablauf bei der Ninhydrin-Probe**

a) **Material**

a) Enzym (Pepsin, Trypsin oder Urease)
b) Ninhydrin
c) Reagenzgläser
d) Bunsenbrenner

Versuchsdurchführung

Eine Spatelspitze Enzym wird in einem Reagenzglas mit 2 ml destilliertem Wasser aufgeschwemmt, mit wenigen Kristallen Ninhydrin versetzt und etwa 5 min gekocht.

Ergebnis

Die Lösung färbt sich violett.
Die Ninhydrin-Probe ist sehr empfindlich (s. Versuch Nr. 10b). Die Probe erfaßt sowohl gebundene als auch freie Aminogruppen und ist somit zum Nachweis von Aminosäuren, Peptiden und Proteinen geeignet.

X **b)** Der Vorversuch wird abgewandelt zum Nachweis geringer Enzymmengen benutzt.

Material

a) Enzymverdünnungsreihe (z.B. 0,1 %, 0,03 %, 0,01 %, 0,003 % Pepsin)
b) Ninhydrin-Sprühreagenz oder Ninhydrin-Lösung (0,02 %)
c) Filtrierpapier
d) Wärmeschrank

Versuchsdurchführung

Man setzt je einen Tropfen der Enzymlösungen aus der Verdünnungsreihe auf markierte Stellen (Bleistift!) eines Filtrierpapiers und läßt eintrocknen. (Der Abstand der Aufsetzstellen ist so zu wählen, daß die Tropfen nicht ineinanderlaufen.) Danach besprüht man das Blatt mit dem Sprühreagenz oder der Ninhydrin-Lösung und legt es einige Minuten in den Wärmeschrank (110 °C).

Aufgabe

Welche Mengen eines Enzyms lassen sich mit der Ninhydrin-Probe nachweisen?

Versuch Nr. 11: Nachweis der makromolekularen Struktur eines Enzyms mit Hilfe der Dialyse

Prinzip

Die Dialyse ist ein physikalisches Verfahren zur Trennung eines Gemisches von gelösten hoch- und niedermolekularen Stoffen (s. 10.7).

Material

a) Hefe oder Katalase-Extrakt aus Versuch 19
b) Sand (fein, gereinigt)
c) Phosphatpuffer pH-Wert 7,5 (s. 10.5)
d) H_2O_2-Lösung (3 %)
e) Malachitgrünlösung (100 mg Malachitgrün in 250 ml Phosphatpuffer, pH-Wert 7,5, gelöst)
f) Dialysierschlauch
g) Mörser
h) Schere
i) Meßpipetten 10 ml
j) Becherglas
k) Magnetrührer
l) Filter und Filtrierpapier

Versuchsdurchführung

10 g Hefe werden in einem Mörser mit etwas feinem, gereinigtem Sand zerrieben, mit 30 ml Phosphatpuffer vom pH-Wert 7,5 aufgeschwemmt und filtriert.
Etwa 1 ml des Filtrats wird mit 5 ml 3 %iger H_2O_2-Lösung auf Katalase geprüft (s. Versuche 15 und 30). Bei positivem Ausfall dieses Vorversuches werden 10 ml des Filtrats und 10 ml Malachitgrünlösung gemischt und in einen Dialysierschlauch gefüllt. Der gefüllte Dialysierschlauch wird gut verschlossen und so in ein Becherglas mit Pufferlösung (pH = 7,5) getaucht, daß er an seiner gesamten Oberfläche mit der Phosphatpufferlösung in Berührung steht. Die Pufferlösung wird durch einen Magnetrührer ständig bewegt; falls kein Magnetrührer zur Verfügung steht, bewege man die Pufferlösung durch gelegentliches Schwenken des Gefäßes.
Nach kurzer Zeit ist das Außenmedium durch diffundierendes Malachitgrün gefärbt. Nach 20 min wird der Dialysierschlauch über einer Vorlage aufgeschnitten.
Der Inhalt des Dialysierschlauches und das Außenmedium werden getrennt auf die Anwesenheit von Katalase geprüft, indem jeweils 1 ml der Lösungen mit 5 ml 3 %iger H_2O_2-Lösung vermischt werden.

Aufgabe

Erläutern Sie den Versuch unter Zuhilfenahme der Bemerkungen im Anhang (10.7).
Zu Ihrer Information: Die Molekülmasse der Katalase beträgt ca. 240000 u, die Molekülmasse des Malachitgrüns 330 u.

4 DIE AUFGABEN DER ENZYME IM ZELLSTOFFWECHSEL

4.1 Enthalpie, Entropie, freie Energie

Vereinfacht man das vielfältige Leben innerhalb der Natur, so kann man es kurz auf die Beziehung Produzent–Konsument–Reduzent einengen. Vor allem die grünen Pflanzen produzieren in hohem Maße organische Substanz, die über viele Konsumentenstationen wieder verbraucht wird. Geschieht dies unter ungestörten Verhältnissen (z. B. in einer «*Lebensgemeinschaft*»), so pendelt sich ein Gleichgewicht ein, in dem auch die Konsumentenseite in Form von wiederverwertbaren Abbauprodukten einen Beitrag leistet. Antriebsmotor dieses Kreislaufes ist die Sonne, die als «überdimensionaler Kernreaktor» *(Richter)* große Energien der Erde zusendet.
Bei der Photosynthese der Pflanzen wird zunächst ein wesentlicher Teil dieser Energie verwendet, indem aus sehr energiearmen Ausgangssubstanzen (Wasser und Kohlendioxid) unter Energieverbrauch (benutzte freie Energie, $+\Delta G$) organische Substanzen (zunächst Kohlenhydrate) synthetisiert werden:

$$6\,CO_2 + 12\,H_2O + 2826{,}2\,kJ \longrightarrow C_6H_{12}O_6 + 6\,H_2O + 6\,O_2 \qquad (1)$$

Nach den chemischen und physikalischen Grundgesetzen entspricht

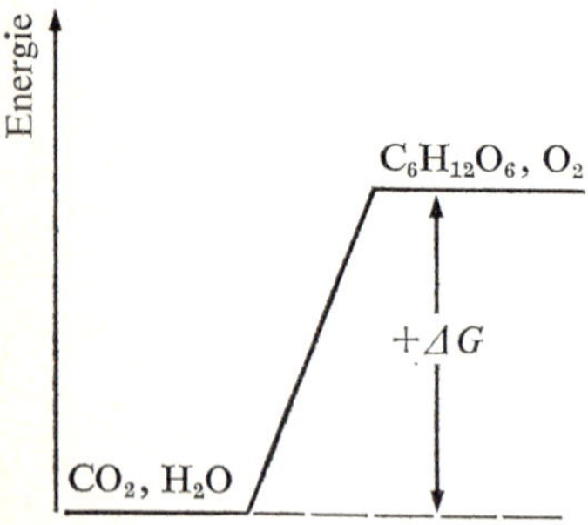

Abb. 10. **Endergonische Reaktion**
Freie Energie wird in die Reaktion eingebracht
(Vorzeichen: +)

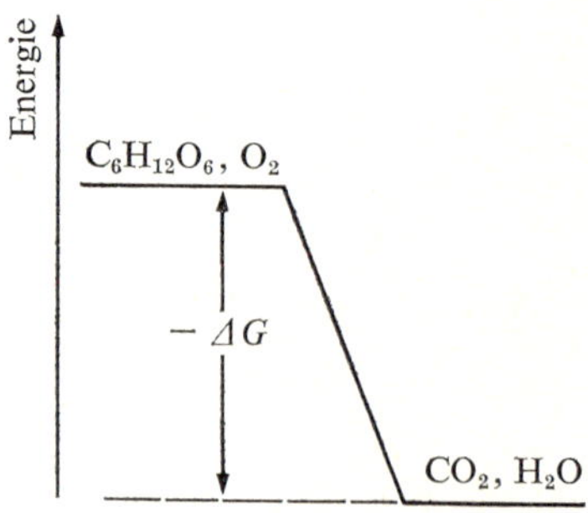

Abb. 11. **Exergonische Reaktion**
Energie wird bei der Reaktion freigesetzt
(Vorzeichen: −)

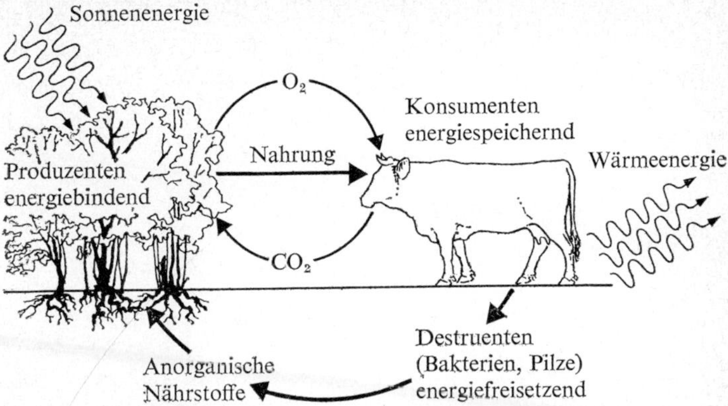

Abb. 12. **Vereinfachtes Schema des Stoffkreislaufes und Energieflusses in einem Ökosystem** (abgewandelt nach *D. Todt*, a. a. O.)

diese eingebrachte Energie der inneren Energie (**Enthalpie**) des Traubenzuckermoleküls. Wie man weiß, können die Pflanzen selbst oder aber auch Tier und Mensch als Nutznießer dieser energiegeladenen Substanzen auftreten. Durch einen Abbau der organischen Substanz kann die Energie zum Zwecke einer Arbeitsleistung oder Wärmeproduktion freigesetzt werden (**freie Energie**, $-\Delta G$):

$$C_6H_{12}O_6 + 6\,O_2 - 2826{,}2\,\mathrm{kJ} \longrightarrow 6\,CO_2 + 6\,H_2O \qquad (2)$$

Mit dem Auftreten der energiearmen Endprodukte (Wasser und Kohlendioxid) ist der Kreislauf geschlossen. Ähnliche Kreisläufe sind auch für andere organische Substanzen aufstellbar.

Aus den Ausführungen folgt, daß der Stoffwechsel in der Natur mit einem ständigen Fluß an Energie verbunden ist, der aber auch zu einer Verminderung der Ursprungsenergie führt. Die unermeßlich große Sonnenenergie wird nur teilweise in sehr viel energieärmeren organischen Substanzen festgelegt. Bei dem dann folgenden Abbau läßt sich eine ungenützte Energieabgabe an die Umgebung in Form von Wärme nicht vermeiden, so daß aufgrund dieses Lecks und des damit verbundenen Energiegefälles die Natur auf eine ständige Energienachlieferung, letzten Endes von der Sonne, angewiesen ist.

Diese doch recht groben Betrachtungen gilt es im Hinblick auf das Verständnis des zellulären Geschehens etwas zu verfeinern. Man muß sich fragen, welche Grundlagen, Antriebskräfte und Mechanismen biochemische Prozesse in einer Zelle bzw. in einem Organismus beinhalten.

Das Massenwirkungsgesetz gilt ebenso wie in der Chemie bei *geschlossenen Systemen*[1] auch in der Biologie bei biochemischen Prozessen. Diese Aussage bedeutet, daß abgeschlossene, biochemische Systeme ein Gleichgewicht anstreben und auch erreichen.

$$A + B \rightleftarrows C + D \qquad K = \frac{[C] \cdot [D]}{[A] \cdot [B]} \tag{3}$$

oder

$$C_6H_{12}O_6 + 6\,O_2 \rightleftarrows 6\,CO_2 + 6\,H_2O \qquad K = \frac{[CO_2]^6 \cdot [H_2O]^6}{[C_6H_{12}O_6] \cdot [O_2]^6} \tag{4}$$

Für jede chemische Reaktion bestimmt ein konstanter Quotient *K* aus den Konzentrationen der Reaktionspartner den Gleichgewichtszustand. Das Gleichgewicht stellt sich je nach Reaktion mehr oder weniger rasch ein. Für die Zuckerverbrennung ist die Gleichgewichtskonstante *K* größer als 1; dies bedeutet, daß die Reaktion fast ausschließlich in Richtung auf die Produkte Wasser und Kohlendioxid verläuft.

Dieses Geschehen läßt sich mit zwei thermodynamischen Grundsätzen erklären. Das Zuckermolekül hat, wie oben dargestellt, ein gewisses energetisches Potential, seine Enthalpie, festgelegt in den Bindungs- und Spannungsverhältnissen des Moleküls. Die Energie eines Zuckermoleküls kann unter Bildung von H_2O und CO_2 in einem Kalorimeterversuch ganz in der Erwärmung von Wasser angelegt werden, wobei die Reaktion zum Ende hin völlig freiwillig abläuft. So ist es eine allgemein zu beobachtende Tatsache, daß energiereiche chemische Verbindungen mehr oder weniger spontan (s. Aktivierungsenergie, Kapitel 4.2) in einen energieärmeren und damit stabileren Zustand übergehen. Die freiwerdende Energie eines Moleküls kann also ausgenutzt werden, wobei als Gesetzmäßigkeit gilt, daß die Gesamtenergie des beteiligten Systems konstant bleibt (1. Hauptsatz der Thermodynamik).

Wenn man die sterischen Verhältnisse in einem Zuckermolekül betrachtet, stellt man fest, daß jedes Atom seinen bestimmten Platz besetzt, in einem Ordnungsgefüge vorliegt. Verbrennt man den Zucker, zerfällt das Ordnungsgefüge, wobei dann die Rückführung in den Ordnungszustand selbständig nicht wieder vollzogen werden kann. Diese Tendenz, einen ungeordneten Zustand zu erreichen, liegt allen natürlichen Systemen zugrunde (z.B. Diffusion, Wärmeaustausch). Man bezeichnet dies als **Entropiezunahme** in den Systemen

---

[1] = Reaktionssystem, das mit der Umgebung nicht in stofflichem und energetischem Austausch steht.

(2. Hauptsatz der Thermodynamik). Kann eine Substanz ihr energetisches Potential freisetzen und führt diese Freisetzung zu einer Entropiezunahme, wie es beim Übergang vom festen zum gasförmigen Zustand der Fall ist, so sind dies Triebkräfte für eine spontan ablaufende, freie Energie produzierende chemische Reaktion.
Enthalpie und Entropie stehen mit der freien Energie eines Systems in Verbindung:

$$\Delta G = \Delta H - T \cdot \Delta S \qquad (5)$$

ΔG = freie Energie, ΔH = Enthalpieänderung, T = absolute Temperatur, ΔS = Entropieänderung.

Zugleich gilt auch folgende Beziehung

$$\Delta G^0 = - R \cdot T \cdot \ln K \qquad (6)$$

oder

$$\Delta G^0 = - R \cdot T \cdot \ln \left(\frac{[C] \cdot [D]}{[A] \cdot [B]} \right) \qquad (7)$$

ΔG^0 = freie Energie bei Standardbedingungen: Substanzen in reinem Lösungsmittel in der Konzentration von 1 $Mol \cdot l^{-1}$ gelöst, Stoffumsatz von 1 Mol, pH 7, 25 °C; R = allgemeine Gaskonstante 8,314 $J \cdot Mol^{-1} \cdot Grad^{-1}$; $\ln K$ = natürlicher Logarithmus der Gleichgewichtskonstanten.

die eine Verknüpfung über K mit dem Reaktionsgeschehen schafft. Wie man aus der Gleichung ersehen kann, nimmt mit Verlauf der Reaktion auf das Gleichgewicht zu die freie Energie der Substanz, die ja nur Arbeit leisten kann, ab ($\Delta G \longrightarrow 0$), während die Entropie zunimmt. Im Gleichgewicht ist keine Arbeitsleistung durch ein Reaktionssystem mehr möglich.

4.2 Aktivierungsenergie

Obwohl Glucose, wie oben gezeigt, einen sehr hohen Betrag an freier Energie besitzt, das Gleichgewicht der Verbrennung ganz auf seiten der Produkte liegt und sicher auch das Bestreben besteht, die höchste Entropiestufe zu erreichen, werden Glucose und molekularer Sauerstoff bei Zimmertemperatur nicht oder nur kaum meßbar miteinander reagieren. Erst wenn man Glucose z.B. in einem Reagenzglas erwärmt, reagiert der Zucker sehr rasch unter Wärmeabgabe. Glucose ist wie viele organische Substanzen bei Zimmertemperatur gegenüber Sauerstoff beständig. Nach Zufuhr eines gewissen Energiebetrages, der **Aktivierungsenergie,** kommt die Reaktion in Gang. Atome und Moleküle befinden sich aufgrund ihrer mehr oder weniger großen inneren Energie in Schwingungen. Reagieren zwei Substanzen nicht

miteinander, so bedeutet dies, daß ihre Eigenbewegungen für einen Reaktionszusammenstoß nicht ausreichen. Erst durch Energiezufuhr, etwa in Form von Wärme, werden die Schwingungen stärker, die Wahrscheinlichkeit für einen Zusammenprall, der eine Reaktion auslöst, wird größer. Die Reaktionssubstanzen müssen angeregt, bildlich gesprochen über einen Berg hinweggehoben werden, ehe sie auf der anderen Seite unter großer Energiefreisetzung zu Tal fallen. Derartige Zustandsformen bezeichnet man in Physik und Chemie als *metastabil.*
Wie man aus dem Energiediagramm sieht, geht der Betrag der Aktivierungsenergie nicht in den Betrag der freien Energie ein; die Aktivierungsenergie beeinflußt also auch nicht die Gleichgewichtsverhältnisse einer Reaktion (s. Abb. 13).
Die benötigte Reaktionsenergie könnte durch Steigerung der Temperatur erreicht werden; dies ist jedoch mit einem recht unspezifischen Effekt verbunden, da die Richtung der Reaktion nicht bestimmt ist. Dem lebenden Organismus können auch derartig hohe Temperatursprünge nicht als Aktivierungsenergie dienen; seine Reaktionen müssen mit einer geringeren Starthilfe vonstatten gehen, wenn man nur daran denkt, daß die Proteine und damit auch die Enzyme nur in ganz eng begrenzten Temperaturbereichen wirksam sein können.

4.3 Katalyse

In vielen chemischen Versuchen kann man beobachten, daß Reaktionen erst zustande kommen und dann auch schneller ablaufen, wenn eine bestimmte Substanz, ein Katalysator, hinzugefügt wird. Bemerkenswert dabei ist, daß der Katalysator bei der Reaktion nicht verbraucht wird, also weiter verwendbar ist.
Auch zelluläre Organismen bedienen sich bei Reaktionsabläufen solcher Katalysatoren, die aber im Unterschied zu chemischen Katalysatoren wesentlich spezifischer für die jeweilige Umsetzung sind. Diese *Biokatalysatoren* sind die *Enzyme,* ihrer chemischen Natur nach Proteine oder Proteide (s. Kapitel 3).
Für die Zersetzung von H_2O_2 gelten folgende Meßdaten:

$$H_2O_2 + H_2O_2 \rightleftarrows 2\,H_2O + O_2 \qquad \Delta G = -96{,}3\ \text{kJ} \cdot \text{Mol}^{-1}$$

Die Aktivierungsenergie beträgt 75,4 $\text{kJ} \cdot \text{Mol}^{-1}$. Verwendet man kolloidales Platin als anorganischen Katalysator, so muß man nur 49 $\text{kJ} \cdot \text{Mol}^{-1}$ als Aktivierungsenergie aufwenden, während es bei Anwesenheit des Enzyms Katalase als Biokatalysator nur noch 23 $\text{kJ} \cdot \text{Mol}^{-1}$ sind.

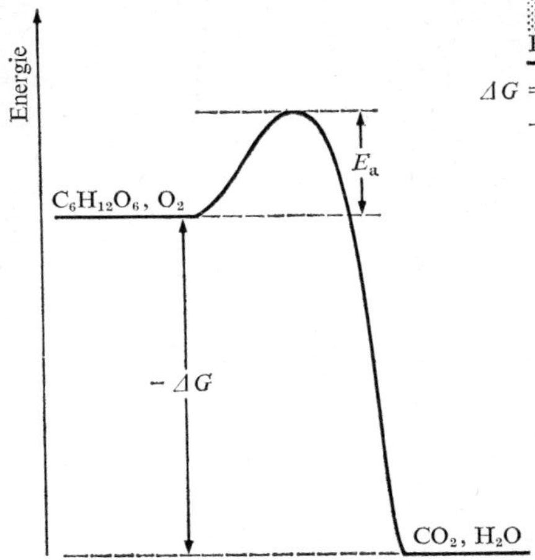

Abb. 13. **Aktivierungsenergie E_a**

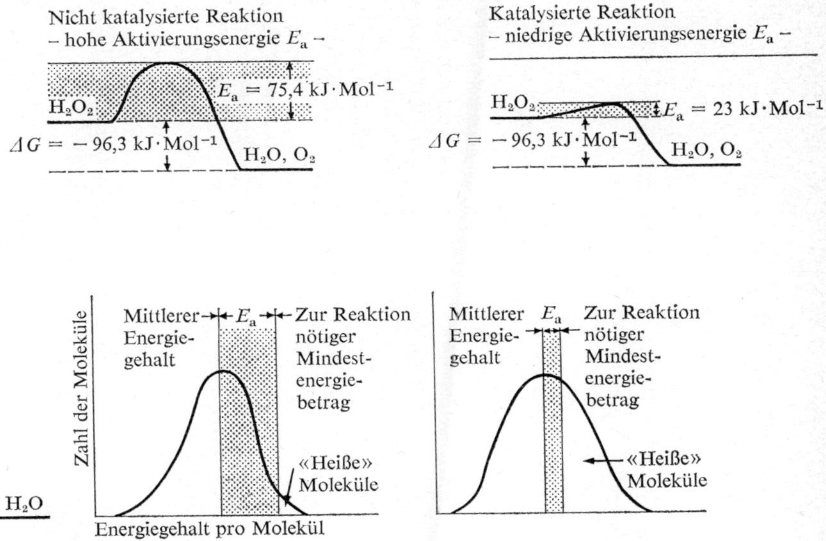

Abb. 14. **Aktivierungsenergie und angeregte Moleküle**
(abgewandelt nach *Lehninger*, a. a. O.)

Aus den Ergebnissen erkennt man, daß die Enzyme als Katalysatoren in der Lage sind, den für die Reaktion notwendigen Betrag an Aktivierungsenergie zu senken. So kann die Reaktion überhaupt stattfinden und zur schnelleren Gleichgewichtseinstellung geführt werden. Untersucht man die Frage, warum die Reaktionsbereitschaft der Reaktanden erhöht wird, so kann man feststellen, daß die Reaktanden sich an das Enzymmolekül anlagern. Die unmittelbare Nachbarschaft führt unter Mithilfe des Enzyms zur Reaktion. Im Enzymmolekül findet dabei eine Aufgabenteilung statt. Das Molekül besitzt aufgrund seiner gefalteten Aminosäurekette (s. Kapitel 3) eine definierte Oberfläche. Diese Oberfläche ist mit elektrischen Ladungen aufgrund der Seitengruppen der Aminosäuren versehen. Die Anordnung in bestimmter Art und Weise wirkt wie eine Stecktafel, zu der nur ein ganz bestimmtes Ansteckgebilde paßt, vorausgesetzt, es ist so gerichtet, daß seine Kontaktpunkte (Ladungen, hydrophile oder hydrophobe Gruppen, usw.) kongruent sind. Substanzen, die diese Kontaktpunktkonstellation nicht aufweisen, werden abgewiesen. Hierin begründet sich die strenge, auf das umzusetzende Substrat gerichtete Spezifität der Enzyme (Substratspezifität, s. Kapitel 7.2).

Eine Stelle im Enzymmolekül sticht besonders hervor; sie befindet sich innerhalb der Anknüpfungspunkte und wird **aktives Zentrum** (s. Kapitel 3 und 7.2) genannt. Durch die Ausrichtung der Reaktanden ordnen sich bestimmte Atomgruppierungen gegenüber dem aktiven Zentrum an. Durch Wechselwirkung der Aminosäurereste im aktiven Zentrum mit diesen Reaktandenteilen kann eine kurzzeitige Veränderung innerhalb beider Reaktandenmoleküle hervorgerufen werden. Eine Lockerung der Bindungen innerhalb der Moleküle ermöglicht die Reaktion miteinander, etwa in Form eines Austausches. Es ist dabei zu beachten, daß nur dieser eine Reaktionstyp von dem speziellen Enzym durchgeführt werden kann; das Enzym besitzt, begründet auf sein aktives Zentrum, eine **Wirkungsspezifität** (s. Kapitel 5).

Man kann sich leicht vorstellen, daß die Knüpfung des Enzym-Substrat-Komplexes, der für die Reaktion unumgänglich notwendig ist, unterschiedlich schnell in Abhängigkeit von der Beschaffenheit des Substrats ablaufen kann. Auch das Lösen der Reaktionsprodukte vom Enzym beeinflußt die mögliche schnelle Wiederverwendung des Enzymmoleküls in seiner Rolle als Katalysator der Reaktion. Bildlich kann man die Enzyme mit einem Geldwechselautomaten vergleichen: Je schneller der Automat die eingeworfene Münze erkannt hat, je besser sein Umrechnungsvermögen ausgelegt ist und je zügiger die Freigabe des Wechselgeldes erfolgt, desto häufiger kann der Vorgang in der Zeiteinheit wiederholt werden, um den Umsatz zu steigern.

Ebenso wie in dem technischen Bereich gibt es auch für Enzyme eine Grenze, einen Sättigungsbereich. Es haben sich in der Evolution der Natur für jedes Enzymmolekül charakteristische Eigenschaften bezüglich der Umsatzgeschwindigkeit herausgebildet, die versuchstechnisch bestimmt werden können (Umsatzzahl, Michaelis-Konstante, s. Kapitel 7 und 8).

4.4 Fließgleichgewicht

Während für die meisten chemischen Systeme, die keinen Ausgleich mit der Umgebung durchführen und ein thermodynamisches Gleichgewicht erreichen, die oben genannten Verhältnisse zutreffen, tritt bei den lebenden, zellulären Organismen eine gewisse Veränderung bezüglich des Stoffwechselgeschehens ein. Eine Zelle steht mit ihrer Umwelt in einem ständigen Materieaustausch, sie ist ein **offenes System.** Nur scheinbar liegen in einer Zelle alle Komponenten in konstanten Konzentrationen (Gleichgewicht) vor, in Wirklichkeit sind sie einem ständigen Auf- und Abbau unterworfen, einem **Fließgleichgewicht** *(steady state)*. Ausgangsprodukte, die umgebaut werden sollen, werden mit derselben Geschwindigkeit aufgenommen, wie die Endprodukte die Zelle verlassen. Einer Zelle wäre mit dem Erreichen des Gleichgewichts ($\Delta G = 0$) einer Reaktion wenig gedient, denn diese Reaktion könnte dann keine Energie für eine Arbeitsleistung mehr zur Verfügung stellen. Die Zelle muß vielmehr bestrebt sein, alle ihre Reaktionssysteme zwar auf ein Gleichgewicht zustreben, es aber nie erreichen zu lassen.
Denkt man nun an die Verbrennung des Zuckers und an den dabei freiwerdenden Energiebetrag, so tritt sofort ein weiteres Problem auf. Der Muskelzucker des Menschen wird mit Hilfe des Blutsauerstoffs zum Zwecke der Muskelbewegung (= Arbeitsleistung) verbrannt. Würde auf einen Schlag die gesamte chemische Energie frei, etwa in Arbeitsenergie oder Wärme umgewandelt, so würde es zu einer unkontrollierbaren und damit tödlichen Überhitzung des Körpers kommen. Die Energie muß vielmehr in kleinen Teilreaktionen kaskadenartig freigesetzt werden. Dabei können dann die Teilbeträge dieser exergonischen Einzelreaktionen wiederum dazu verwendet werden, endergonische Reaktionen mit einem aufgrund des normalen Verlustes etwas geringeren oder höchstens gleichen Energiebedarf durchzuführen. Auch hier erleichtern Enzyme diese Kopplung, indem sie besonders für die endergonische Reaktion den zu überwindenden Berg der Aktivierungsenergie senken.

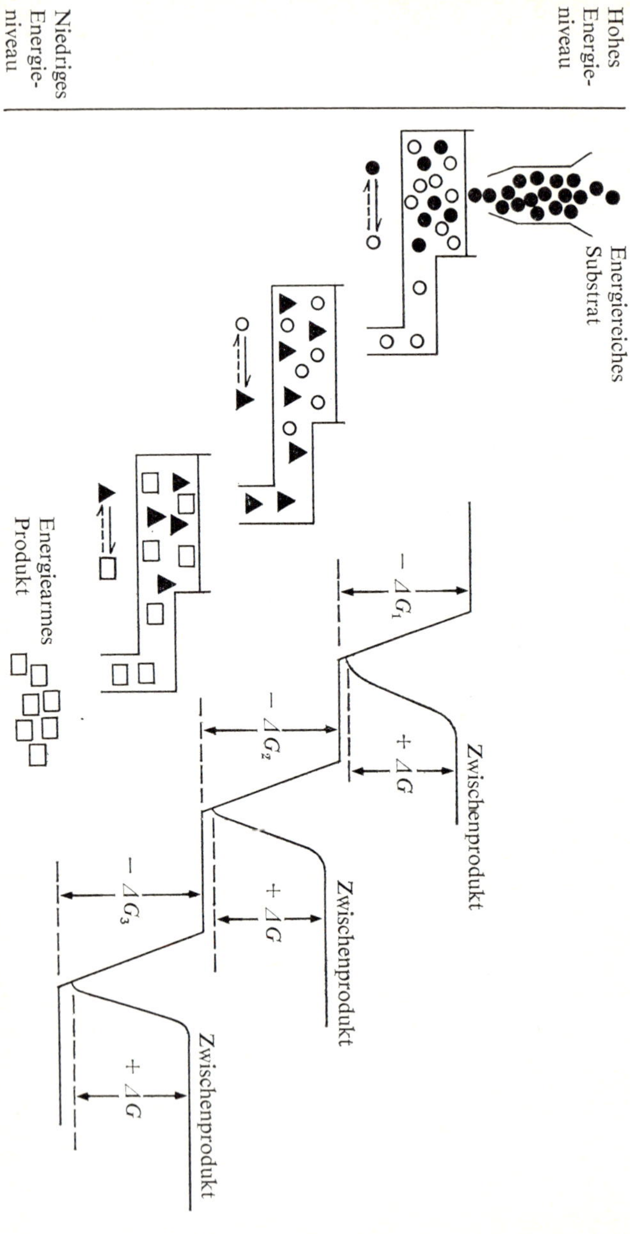

Abb. 15. **Fließgleichgewicht und energetische Kopplung** (verändert nach *Richter*, a. a. O.)

Die Enzyme spielen daneben im Fließgleichgewicht der Zelle eine weitere wichtige Rolle. Sie steuern, gebunden an Membransysteme, das Hin und Her der Substanzen, wobei sie häufig zusammen mit ihren Coenzymen eine Trägerfunktion ausüben (Wasserstofftransport). Anders als in einem geschlossenen System, in dem sie ja nur die Geschwindigkeit der Gleichgewichtseinstellung beeinflussen können, kann in einem offenen System ein Enzym Einfluß auf stationäre Konzentrationen nehmen. Ein Überschuß an einem Enzym führt zur schnelleren Umsetzung des betreffenden Substrats. Sowohl eine Beeinträchtigung der Enzymwirkung (durch Aktivitätsänderung, s. Kapitel 8, oder Abbau des Enzyms) durch andere Enzyme als auch ein durch Enzyme gesteuerter, vermehrter Abbau des angefallenen Produkts können das Fließgleichgewicht wiederherstellen. Bei der zweiten Möglichkeit kann es notwendig sein, daß Enzyme erst die gengesteuerte Synthese des benötigten Enzyms veranlassen müssen.

4.5 Regelung durch Enzyme

In den vorangegangenen Kapiteln ist im wesentlichen am Abbau des Traubenzuckermoleküls beispielhaft gezeigt worden, welche Aufgaben Enzymen im Zellstoffwechsel zufallen. Der Zellstoffwechsel insgesamt wäre aber unökonomisch, wenn nicht eine gewisse dynamische Regulation von «Angebot und Nachfrage» durchgeführt würde. Die Zelle muß demnach über Regelkreise verfügen, die mittels Schaltzentren und dazugehöriger Kontrollsysteme Anpassungen durchführen können. Ist in einer Zelle durch den Zuckerabbau genügend energiereiche Substanz (etwa ATP) produziert worden, so muß die Zelle die Menge ATP registrieren, als genügend groß einstufen und die weitere Bildung unterbinden können. Einen derartigen Regelkreis kann man in der *Kybernetik* in Form eines Blockschaltbildes darstellen (s. Abb. 16).
Bei der Steuerung ihrer Funktionen kann die Zelle sowohl auf eine Aktivitätsbeeinflussung der vorhandenen Enzyme als auch auf eine Regelung der Enzymsynthese zurückgreifen.
Vorhandene Enzymsysteme sind in ihrer Arbeit außer vom pH-Wert, von der Temperatur und vom Ionenmilieu (s. Kapitel 7.3), auch von der Konzentration des Endproduktes abhängig. Das Endprodukt kann, auch wenn es über mehrere Stufen durch Enzyme gebildet wird, auf das erste Enzym der Kette einwirken und es in seiner Aktivität verändern (**direkte Endprodukt-Hemmung**). Da es sich bei dem Endprodukt um ein vom eigentlichen Substrat des ersten Enzyms

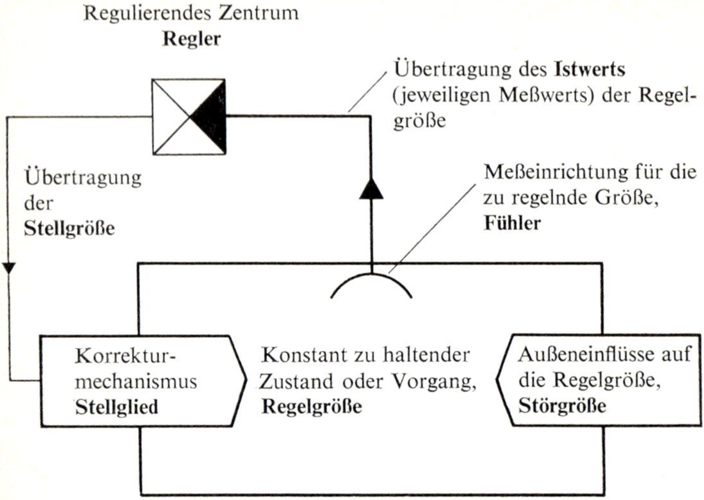

Abb. 16. **Allgemeines Blockschaltbild eines Regelkreises**
(nach *Rensing,* Biologische Rhythmen und Regulation, Fischer Verlag, Stuttgart 1973, S. 12)

unterschiedliches Molekül handelt, nennt man Enzyme, deren Wirkung über eine Strukturveränderung auf diese Weise beeinflußt werden kann, **allosterische Enzyme** (s. Kapitel 8.4). Für den Abbau eines Substrats über eine Enzymkette gilt die folgende schematische Darstellung:

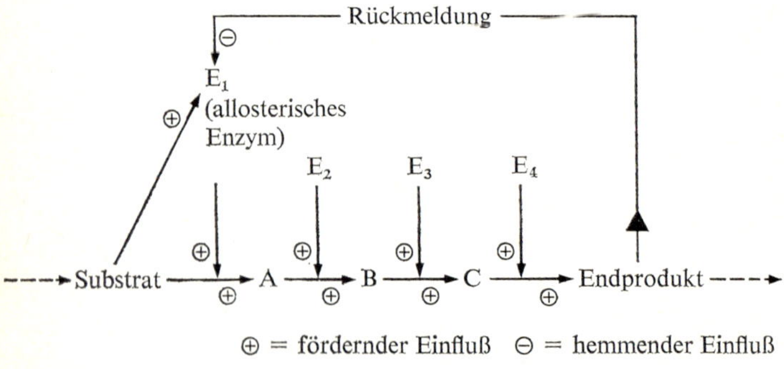

⊕ = fördernder Einfluß ⊖ = hemmender Einfluß

Abb. 17. **Direkte Endprodukt-Hemmung**
(abgewandelt nach *Schaefer,* Kybernetik und Biologie, Metzlersche Verlagsbuchhandlung, Stuttgart 1972, S. 111)

Abb. 18. **Regelkreis der direkten Endprodukt-Hemmung**
(aus *Schaefer,* a. a. O., S. 114)

Das Endprodukt bewirkt eine negative Rückkopplung auf die Aktivität des ersten Enzyms, ist demnach Regelgröße, Meßglied und Regler zugleich.
Innerhalb einer **indirekten Endprodukt-Hemmung** veranlaßt das Endprodukt keine Aktivitätsveränderung des Enzyms, sondern beeinflußt dessen Synthese über DNS, m-RNS und Ribosomen. Das Endprodukt bildet mit dem bis dahin inaktiven Repressor einen aktiven Block, der sich vor das Operatorgen legt und die Ablesung der Strukturgene der DNS und damit auch die Enzymsynthese letztlich unterbindet. Enzyme zum Abbau des Substrats werden nicht mehr gebildet, die Produktion des Endprodukts erfährt eine Einschränkung, seine unnötige Anhäufung unterbleibt.

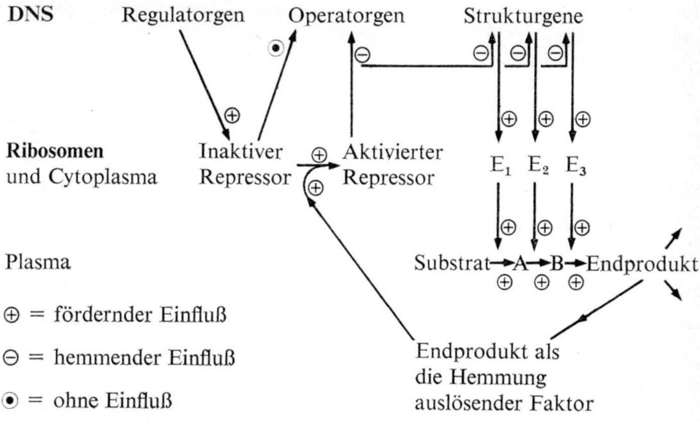

Abb. 19. **Indirekte Endprodukt-Hemmung**
(abgewandelt nach *Schaefer,* a. a. O., S. 110)

Der aktive Repressor übernimmt in diesem System der *Enzymrepression* die Funktion des Reglers, der vom Endprodukt in Form einer negativen Rückkopplung Informationen über den Istwert erhält.

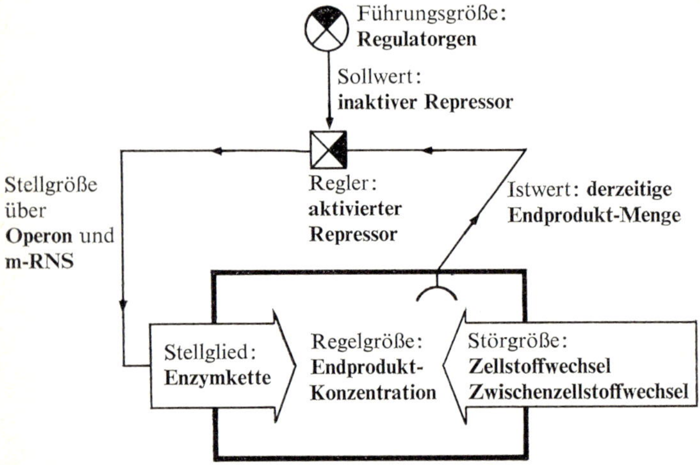

Abb. 20. **Regelkreis der indirekten Endprodukt-Hemmung**
(abgewandelt nach *Schaefer*, a.a.O., S. 113)

Bei der *Enzyminduktion* ist es das Ausgangssubstrat, das eine Enzymsynthese auslöst. Das Substratmolekül inaktiviert den Repressor, der bisher die Enzymsynthese durch Blockierung des Operatorgens unterbunden hatte. Der Repressor löst sich und gibt den Syntheseprozeß über m-RNS, t-RNS und Ribosomen frei, wodurch Enzyme zum Abbau des Substrats gebildet werden. Das Substrat sorgt selbsttätig für seine Konzentrationsabnahme. Konzentrationsabhängig wird der Punkt erreicht, an dem wieder aktive Repressoren in der Zelle vorliegen, nachdem sich entsprechend dem Diffusionsgesetz und der fortschreitenden Verdünnung nach und nach die Substratmoleküle wieder von ihnen gelöst haben.
Das Ausgangssubstrat ist in diesem Fall die Regelgröße; alle Maßnahmen der Zelle laufen daraufhin, die Konzentration des Substrats wieder gegen Null gehen zu lassen. Sowohl die abbauenden Enzyme als auch der inaktive Repressor können als Regler angesehen werden. Stellglieder sind die Bestandteile der Enzymsynthese, letztlich auch die abbauenden Enzyme.

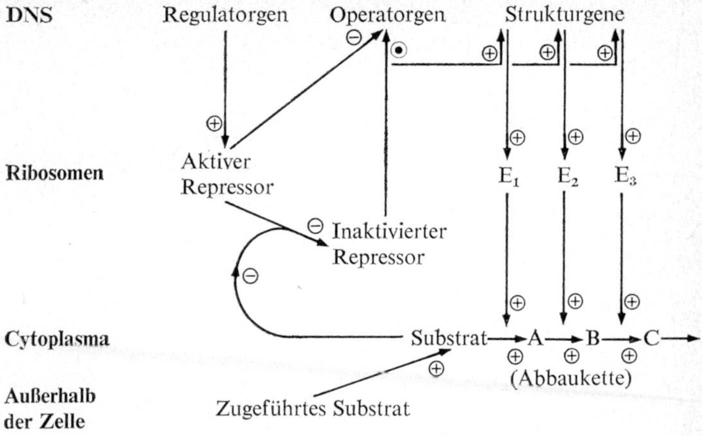

⊕ = fördernder Einfluß

⊖ = hemmender Einfluß

⊙ = ohne Einfluß

Abb. 21. **Induktion der Enzymsynthese**
(abgewandelt nach *Schaefer*, a. a. O., S. 112)

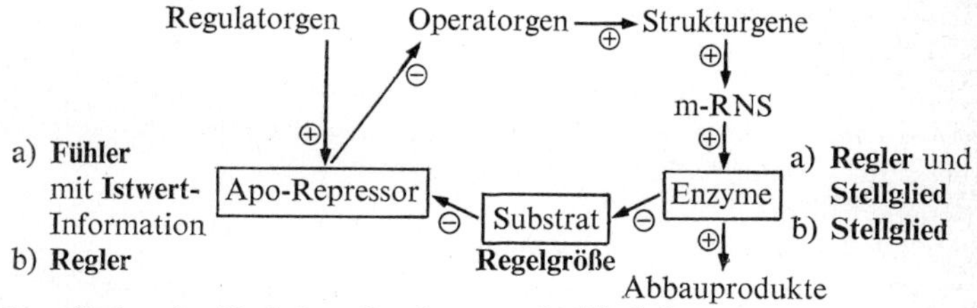

⊕ = fördernder Einfluß ⊖ = hemmender Einfluß

Abb. 22. **Regelkreis der Induktion der Enzymsynthese unter Angabe zweier Möglichkeiten**
(abgewandelt nach *Schaefer*, a. a. O., S. 114)

Die beschriebenen intrazellulären Regulationsmechanismen ermöglichen es der Zelle, Störungen, die zur Veränderung des Fließgleichgewichtes führen, schnell auszugleichen. Dabei kann sich die Zelle aufgrund des vielfältigen Regulationsangebots das ökonomischste Verfahren zunutze machen.

* Versuch Nr. 12: Gleichgewichtseinstellung – Umkehrbarkeit einer Enzymreaktion am Beispiel der Phosphorylase-Reaktion

Prinzip

Das Enzym Phosphorylase überträgt Glucoseeinheiten von der Stärke auf anorganische Phosphatgruppen. Die Spaltung (Hinreaktion) ist energetisch etwas begünstigt. (Weitere Information zum Enzym in den Kapiteln 5 und 6.)

Material

a) Phosphorylase-Extrakt aus Kartoffeln (Herstellung s. Kapitel 6), 10 ml des Extraktes durch 5minütiges Kochen für die Kontrollprobe inaktivieren;
Extrakte vor Gebrauch 1 : 5 verdünnen
b) Stärke-Lösung (1 g/1 l Aqua dest.)
c) Glucose-1-phosphat, 10-mM (260 mg Na-Salz/100 ml H_2O)
d) Glucose, 10-mM (180 mg/100 ml H_2O)
e) Dextrin (10 mg/100 ml H_2O)
f) Phosphat-Puffer, pH 6,0 (s. Kapitel 10.5)
g) Jodkaliumjodid-Lösung (JKJ, s. Kapitel 10.4)
h) Photometer, 580 nm Wellenlänge (s. Kapitel 10.6)
i) Küvetten, $d = 1$ cm
j) Reagenzgläser
k) Pipetten (1 ml, 2 ml, 5 ml)
l) Saugpapier zum Säubern der Küvetten
m) Kleiner Rührstab zum Umrühren in den Küvetten
n) Aqua dest.

Versuchsdurchführung

Folgende Ansätze sind in Reagenzgläsern herzustellen (Angaben in ml):

	1	2	3	4	5	6	7	8
Stärke-Lösung	2,0	2,0	2,0	–	–	–	–	–
Glucose-1-phosphat	–	–	–	2,0	2,0	2,0	–	2,0
Glucose	–	–	–	–	–	–	2,0	–
Phosphat-Puffer	3,5	–	3,5	–	–	3,5	–	–
Dextrin	0,5	0,5	0,5	0,5	–	0,5	0,5	0,5
H_2O	–	3,5	–	3,5	4,0	–	3,5	3,5

Die Ansätze sind gut zu durchmischen. Bei der nun folgenden Enzymzugabe ist Vorsicht geboten, da bei der Zubereitung des Extraktes die giftige Substanz KF verwendet wird (Herstellung des Phosphorylase-

Extraktes s. Kapitel 6). Nicht mit dem Mund pipettieren! Saugball benutzen!

Enzym-Extrakt	2,0	2,0	–	2,0	2,0	2,0	2,0	–
Extrakt, gekocht	–	–	2,0	–	–	–	–	2,0

Die Zugabe des Enzymextraktes ist gleichbedeutend mit dem Startpunkt der Reaktion. Die Ansätze sollen erneut schnell durchmischt und bei Zimmertemperatur aufbewahrt werden.

In jeweils 5minütigen Abständen (0 min, 5 min, 10 min, 15 min) werden den Ansätzen 1,6-ml-Proben entnommen und in eine Vorlage von 0,4 ml JKJ-Lösung in den Küvetten pipettiert. Von diesen Ansätzen ist die *Extinktion* (s. Kapitel 10.6), die proportional der Stärkekonzentration ist, bei 580 nm Wellenlänge im Photometer zu registrieren. Vor dem Einstellen der Küvetten in den Strahlengang sind diese an den lichtdurchlässigen Wänden gründlich mit Saugpapier zu säubern und zu trocknen!

Aufgabe

a) Tragen Sie die Extinktionen der verschiedenen Ansätze gegen die Zeit auf!
b) Interpretieren Sie die Kurven im Hinblick auf Stärkeaufbau bzw. Stärkeabbau!
c) Warum sind die Werte für den Stärkeabbau größer? Bedenken Sie die Konzentration der anderen Partner! Welcher Partner wird nur nachgewiesen?
d) Überdenken Sie die Art des Blindversuches in diesen Versuchsansätzen! Welche Möglichkeit wäre noch gegeben?

* Versuch Nr. 13: Bestimmung der Aktivierungsenergie am Beispiel der Stärkespaltung

Prinzip

Der Zerfall der Stärke in wäßriger Lösung ist zeitabhängig. Katalysatoren anorganischer oder organischer Natur können diesen Prozeß beschleunigen, wie auch durch Temperaturänderung im System eine solche Geschwindigkeitsänderung der Reaktion hervorgerufen werden kann. Es gilt demnach die Beziehung $v = f(T)$. Bei der Spaltung von Stärke verläuft die Geschwindigkeit proportional zur Konzentrationsänderung der umzusetzenden Substanz (S) bzw. des entstehenden Produkts (P):

$$v = -\frac{d\,(\mathrm{S})}{dt}\ \text{(Abbau) bzw. } v = +\frac{d\,(\mathrm{P})}{dt}\ \text{(Aufbau)}$$

oder allgemein $$v = -\frac{dc}{dt} = k \cdot c\,.$$

k ist die sogenannte Geschwindigkeitskonstante einer Reaktion.

Nach Umformung und Integration der Gleichung folgt:

$$-\frac{dc}{c} = k \cdot dt$$

$$-\ln c = k \cdot t + k'\,.$$

Die Konstante k', die Integrationskonstante, ist gegeben durch $k' = \ln c_0$, wenn die Anfangskonzentration c der umzusetzenden Substanz zur Zeit t_0 gleich c_0 ist.

Trägt man die Konzentration der umsetzenden Substanz gegen die Zeit auf, so erhält man eine abklingende Exponentialfunktion, deren Abfall in den ersten Zeitintervallen fast linear ist. Verwendet man halblogarithmischen Maßstab [$\ln c = f(t)$], so wird eine Gerade dargestellt, deren Anstieg dem Wert der Konstanten k entspricht. Sie ist so aus der graphischen Darstellung leicht zu bestimmen. Benötigt wird sie zur Berechnung der Aktivierungsenergie einer Reaktion, die sich nun anschließt.
Da die Geschwindigkeit einer Reaktion von der Reaktionstemperatur abhängig ist, schlagen sich Temperaturänderungen in Änderungen der Geschwindigkeitskonstanten nieder. Im Versuch müssen die Konstanten k_1 und k_2 bei zwei verschiedenen Temperaturen T_1 und T_2 bestimmt werden. Die Unterschiede in den Reaktionsgeschwindigkeiten lassen einen Rückschluß auf die Höhe der Aktivierungsenergie zu. Für die Berechnung gilt nämlich:

$$\ln \frac{k_2}{k_1} = \frac{E_a}{R} \cdot \left(\frac{1}{T_1} - \frac{1}{T_2}\right)$$

E_a = Aktivierungsenergie in $J \cdot Mol^{-1}$,
R = allgemeine Gaskonstante (8,314 $J \cdot Mol^{-1} \cdot Grad^{-1}$).

$$E_a = \frac{R \cdot T_1 \cdot T_2}{T_2 - T_1} \cdot \ln \frac{k_2}{k_1}\,,$$

$$E_a = \frac{R \cdot 2{,}303 \cdot T_1 \cdot T_2}{T_2 - T_1} \cdot \log \frac{k_2}{k_1}$$

Material

a) Amylase-Extrakt (Herstellung s. Kapitel 6)
b) Konzentrierte Schwefelsäure, H_2SO_4

c) Stärke-Lösung (1 g/1 l H_2O)
d) Jodkaliumjodid-Lösung (JKJ, s. Kapitel 10.4)
e) Phosphat-Puffer, pH 5,3 (s. Kapitel 10.5)
f) Wasserbäder oder Thermoschrank
g) Photometer, 580 nm Wellenlänge (s. Kapitel 10.6)
h) Küvetten, $d = 1$ cm
i) Rührstab, Saugpapier
j) Reagenzgläser
k) Stoppuhr

Versuchsdurchführung

Zunächst muß in Vorversuchen eine Eichkurve aus den Werten der Extinktion in Abhängigkeit von der eingesetzten Stärkekonzentration ermittelt werden. Zu diesem Zweck muß eine abklingendc Konzentrationsreihe, in möglichst engen Abstufungen ausgehend von der Konzentration 1 g Stärke pro 1 l Aqua dest., angesetzt werden. Je 1 ml dieser Lösungen wird mit 7 ml H_2O versetzt, gemischt und für die weiteren Messungen verwendet. Jeweils 1,6 ml dieser Lösungen werden zu 0,4 ml einer JKJ-Lösung in eine Küvette gegeben. Die Extinktionen dieser Ansätze werden bei 580 nm Wellenlänge im Photometer bestimmt und als Eichkurve gegen die Ausgangskonzentrationen der jeweiligen Stärkelösungen aufgetragen.
Für den 2. Versuchsteil müssen zunächst die Temperaturbereiche, in denen die Reaktionen stattfinden sollen, festgesetzt und die Wasserbäder bzw. die Thermoschränke dementsprechend eingestellt werden (z. B. 20 °C und 30 °C oder 35 °C; nicht 40 °C oder höhere Temperaturwerte auswählen!). Die eingesetzten Lösungen und Chemikalien sollten an die Temperaturen angepaßt werden, um spätere Temperaturschwankungen beim Zusammengeben zu vermeiden. Auf Temperaturkonstanz während des Versuches ist zu achten!
Durch drei Parallelansätze soll untersucht werden, wie sich die Größe der Aktivierungsenergie verändert, wenn die Reaktion ohne, mit anorganischem oder organischem Katalysator durchgeführt wird. Die Stärkekonzentration 1 g/1 l H_2O ist Ausgangspunkt der Messung.

a) *Temperaturbereich* T_1

1 ml der Stärkelösung mit 4 ml Phosphatpuffer versetzen, dazu 3 ml H_2O geben und durchmischen;
1,6 ml des Gemisches in eine Küvette mit 0,4 ml JKJ-Lösung einpipettieren und sofort mit den Extinktionsmessungen beginnen (30 sec Abstand, Küvette zwischen den Messungen wieder in den gewählten Temperaturbereich einstellen).

b) *Temperaturbereich T_2*

Derselbe Ansatz und dieselben Handhabungen wie in a).
Ähnliche Messungen müssen nun auch mit den Katalysatoren Schwefelsäure und Amylase durchgeführt werden. Die einzusetzenden Mengen Amylase sind nur schwer anzugeben, da die Reaktionsgeschwindigkeit von der Güte des Extraktes abhängt. Es sollte ausprobiert werden, mit welchen Mengen Amylase-Extrakt oder Amylase-Reinpräparat der Reaktionsablauf meßbar, also nicht zu schnell gestaltet werden kann. Müssen andere Mengen als hier angegeben eingesetzt werden, so ist die Vergleichsbasis zum 1. Teil des Versuches entsprechend wiederherzustellen (Volumen des zugesetzten H_2O).

c) *Temperaturbereich T_1*

1 ml Stärke-Lösung + 4 ml Phosphat-Puffer + 0,5 ml konz. H_2SO_4 + 2,5 ml H_2O.
1,6 ml dieses Gemisches zu 0,4 ml JKJ-Lösung in die Küvette geben; Extinktion bei 580 nm in 30 sec Abstand messen.

d) *Temperaturbereich T_2*

Derselbe Ansatz und dieselben Handhabungen wie in c).

e) *Temperaturbereich T_1*

1 ml der Stärke-Lösung + 4 ml Phosphat-Puffer + 2 ml Amylase-Extrakt + 1 ml H_2O zusammengeben und gut mischen;
1,6 ml des Gemisches zu 0,4 ml JKJ-Lösung in die Küvette geben, Extinktion bei 580 nm in 30 sec Abstand messen.

f) *Temperaturbereich T_2*

Derselbe Ansatz und dieselben Handhabungen wie in e).

Ergebnis

Im Vergleich zur Eichkurve können die Stärkekonzentrationen zur Zeit t in den verschiedenen Ansätzen bestimmt werden. Durch graphische Auftragung $[-\ln c = f(t)]$ können die Geschwindigkeitskonstanten ermittelt werden, die man für die Berechnung der Aktivierungsenergie benötigt.

Versuch Nr. 14: Demonstration der Aktivierungsenergie am Beispiel der Stärkespaltung

Prinzip

Die Spaltung der Stärke kann entweder durch die Abnahme der Färbung der Stärkelösung mit einem Indikator, der spezifisch mit Stärke reagiert, oder durch die zunehmend positiv ausfallende Probe, die spezifisch auf ein Spaltprodukt anspricht, aufgezeigt werden.

Material

a) Stärke-Lösung, 0,1 % in 1 %iger NaCl-Lösung
nach kurzem Aufkochen mit einigen Tropfen Lugolscher Lösung bis zur Blaufärbung versetzen
b) Lugolsche Lösung (s. Kapitel 10.4)
c) Konzentrierte Schwefelsäure, H_2SO_4
d) Fehlingsche Lösungen I und II (s. Kapitel 10.10)
e) Bunsenbrenner
f) Reagenzgläser
g) Speichel oder Amylase-Extrakt (Herstellung s. Kapitel 6)

Versuchsdurchführung

Zu etwa 5 ml der Stärke-Lösung, die 15 bis 20 min lang über dem Bunsenbrenner aufgekocht und dann wieder abgekühlt worden ist, fügt man einige Tropfen Lugolsche Lösung und vergleicht mit der Färbung der unbehandelten Stärke-Lösung. Lugolsche Lösung muß nach dem Kochen wieder zugefügt werden, um Jodatome neuerlich für den Stärkenachweis zur Verfügung zu haben, nachdem die vorher zugefügten durch die Erhitzung oxidiert worden sind.
Da ein Unterschied kaum wahrnehmbar sein wird, wird der Zuckertest nach *Fehling* bei gekochter und ungekochter Lösung durchgeführt. Rotfärbung bzw. Trübung würde die Anwesenheit von reduzierenden Zuckern anzeigen und damit einen Hinweis auf die erfolgte Stärkespaltung geben.
7–8 ml der angesetzten, gefärbten Stärke-Lösung werden mit 2 ml Schwefelsäure versetzt. Die Hälfte der Probe wird 5–10 min über dem Bunsenbrenner erhitzt. Nach dem Erkalten und Halbieren des Ansatzes wird zur einen Hälfte wieder Lugolsche Lösung hinzugefügt, während mit der anderen Hälfte der Zuckernachweis durchgeführt wird (vorher neutralisieren!). Ungekochte und aufgekochte Lösungen werden verglichen.
Zu 3–4 ml der Stärke-Lösung wird etwas Speichel oder Amylase-Extrakt gegeben. Nach kurzem Schütteln und Halten in der Hand können beide Nachweisreaktionen parallel ausgeführt werden.

Ergebnis

Je länger die Lösung bis zu einem sichtbaren Ergebnis hin erhitzt werden muß, desto mehr Energie ist dem Reaktionssystem auch zugeführt worden. In einem schematischen Energiediagramm zum Reaktionsverlauf wird die unterschiedliche Aktivierungsenergie deutlich.

Versuch Nr. 15: Bestimmung der Aktivierungsenergie am Beispiel der H_2O_2-Spaltung

Prinzip

s. Theorie in Versuch Nr. 13

Da die Konzentration der H_2O_2-Moleküle nicht durch Farbreaktion oder ähnliches im Versuch angezeigt werden kann, muß man sich die Produktion von Sauerstoff als Meßparameter zunutze machen, der nach der Reaktionsgleichung

$$2\,H_2O_2 \longrightarrow O_2 + 2\,H_2O$$

entsteht.

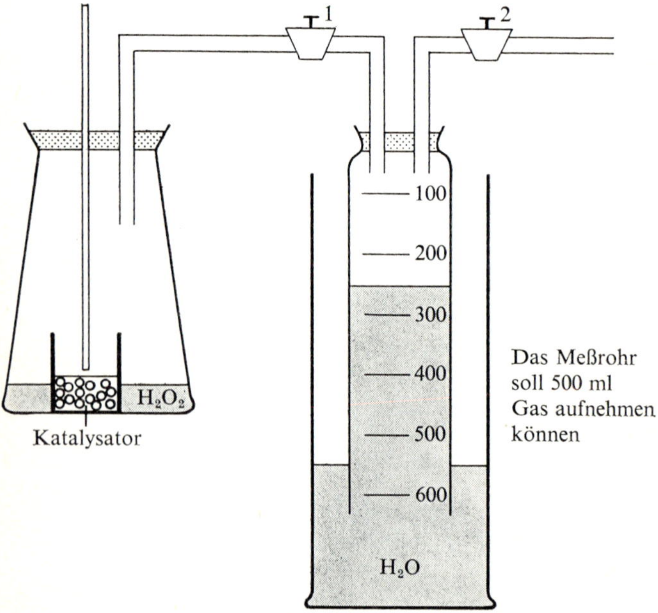

Abb. 23. **Apparatur zur Bestimmung der Aktivierungsenergie der Katalase-Reaktion**

Material

a) Frische Leber
b) Braunstein, MnO_2
c) H_2O_2-Lösung, 10%
d) Wasserbäder oder Thermoschränke bei verschiedenen Temperaturen T_1 und T_2
e) Aqua dest.
f) Apparatur s. Abb. 23
g) 1 Glasstab, 1 Erlenmeyerkolben, 1 kleines Schnappdeckelglas, 2 2-Loch-Stopfen, 2 2-Wege-Hähne, 3 90°-Rohrwinkel, 1 Garto-Glasrohr (mit Fettstiftmarkierungen), 1 Standzylinder, Glasrohre, Schlauchverbindungen

Versuchsdurchführung

Der Kolben wird mit 10%iger H_2O_2-Lösung gefüllt. In das Schnappdeckelgläschen wird eine wäßrige Lösung des Katalysators eingegeben; danach stellt man es vorsichtig mit Hilfe einer Pinzette auf den Boden des Kolbens. Der Stopfen wird auf den Kolben gesetzt; der Glasstab sollte dann in das Röhrchen hineinreichen und es am Umfallen hindern. Durch Heben der Glasglocke bei geöffnetem Zweiwegehahn 1 (geschlossenem Hahn 2) kann die Apparatur auf Dichtigkeit geprüft werden. Für den Versuch muß der Meßkolben in bestimmter Höhe arretiert und der Wasserstand markiert werden. Dazu kann die Glasglocke auch etwas angehoben werden.
Man öffnet den Hahn zum Kolben, schließt aber Hahn 2. Dann wird der Glasstab im Rundkolben hochgezogen, so daß das Röhrchen frei steht. Versuchsbeginn (Stoppuhr betätigen) ist nun das Umkippen des Röhrchens durch Kippen des Kolbens. Durch kreisende Bewegungen des Kolbens kann das Reaktionsgemisch etwas homogener gestaltet werden. Das gebildete Volumen Sauerstoff ist vom Beginn an zeitabhängig zu registrieren. Durch Öffnen des nach außen führenden Hahnes 2 kann der Versuch abgebrochen werden.
In Alternativversuchen soll die Wirkung von Katalysatoren auf die Größe der Aktivierungsenergie festgestellt werden. Auch hier muß die Messung in verschiedenen Temperaturbereichen erfolgen, um nachher über die Geschwindigkeitskonstanten die Aktivierungsenergie berechnen zu können.

a) *Temperaturbereich* T_1

   Da sich die H_2O_2-Lösung in den gewählten Temperaturbereichen ohne Katalysator nur sehr langsam zersetzt, sollte dieser Versuchsteil als Langzeitversuch angelegt werden. Da sich dementsprechend weniger Sauerstoff abscheiden wird, kann die Gesamtapparatur in ihren Ausmaßen kleiner gehalten werden, so daß sie als Gesamtheit in einen Thermoschrank paßt und dort bei gewünschter Temperatur aufbewahrt werden kann. Das Schnappdeckelglas wird für diesen Ansatz nicht benötigt.

b) *Temperaturbereich* T_2

Derselbe Ansatz und dieselben Handhabungen wie in a).

c) *Temperaturbereich* T_1

100 ml 10%iger H_2O_2-Lösung werden in den Erlenmeyerkolben gefüllt; im Schnappdeckelglas werden 2 g MnO_2 abgewogen, und das Glas wird vorsichtig in den Kolben gestellt. Auslösung der Reaktion wie vorher beschrieben.

d) *Temperaturbereich* T_2

Derselbe Ansatz und dieselben Handhabungen wie in c).

e) *Temperaturbereich* T_1

Aus 3 g frischer Leber und 30 ml Aqua dest. wird ein Katalase-Extrakt gewonnen (Leber mit etwas Sand zerreiben, in Wasser aufnehmen, abfiltrieren). 4 ml dieses Extraktes werden in das Schnappdeckelglas eingefüllt, und dieses wird zu 100 ml 10% H_2O_2-Lösung in den Kolben gestellt. Alle weiteren Schritte erfolgen wie oben beschrieben.

f) *Temperaturbereich* T_2

Derselbe Ansatz und dieselben Handhabungen wie in e).

Ergebnis

Die Anzahl der H_2O_2-Moleküle in der Ausgangslösung ist zunächst einmal zu berechnen. Ebenso kann man über das abgeschiedene Volumen Sauerstoff und die darin enthaltene Anzahl Sauerstoffmoleküle die Anzahl der zersetzten H_2O_2-Moleküle in Abhängigkeit von der Zeit für jeden Ansatz bestimmen. Durch graphische Auftragung $[- \ln c = f(t)]$ können die Geschwindigkeitskonstanten ermittelt werden, die man für die Berechnung der Aktivierungsenergie benötigt.

Aufgabe

a) Vergleichen Sie Ihre Meßergebnisse mit den Angaben im theoretischen Teil zu diesem Kapitel!
b) Was würde sich am Ergebnis ändern, wenn Sie den Ansätzen andere Mengen an Katalysatoren beifügen würden?

Versuch Nr. 16: Induktion der Synthese des Enzyms β-Galactosidase in Escherichia-coli-Bakterien

Vorbemerkungen

Der Versuch ist aufgenommen worden, um am Beispiel einer Bakterienzelle zu zeigen, wie schnell zielgerichtete Stoffwechselreaktionen als Anpassung auf eine veränderte Fließgleichgewichtssituation ablaufen, Regelkreise aktiviert werden. Voraussetzungen für die Durchführung des Experiments sind Kenntnisse auf dem Gebiet der Bakterienversuche und der Eiweißbiosynthese, also Lerninhalte, die erst in einem Genetikkurs zum Tragen kommen. Da eine noch so kurze Darstellung den Rahmen des Buches sprengen würde, haben wir auf theoretische Ausführungen verzichtet, empfehlen aber dringend eine eingehende Information durch den Lehrer oder Lehrbücher und Praktika der Genetik.

Prinzip

Bakterienzellen, in diesem Fall *Escherichia coli,* sind bei ihrem Wachstum auf Kohlenhydrate als Energiespender und Kohlenstoffquelle angewiesen. In dem im Versuch verwendeten Nährmedium ist normalerweise nur Glucose vorhanden, so daß das Enzymsystem zur Verwendung der Glucose stets einsatzbereit ist. Lactose als Glucose-Ersatz kann erst nach Aufbau eines Enzymsystems, bestehend aus drei Enzymen (Galactosid-transferase, β-Galactosidase und Enzym a), in den Stoffwechsel eingereiht werden. Durch Alternativversuche läßt sich klären, ob das Enzym β-Galactosidase zur Spaltung der Lactose nur in eine aktive Form überführt oder ob es erst synthetisiert werden muß (Versuche mit Chloramphenicol als Hemmer der Eiweiß-Biosynthese). Anstelle der nur schwer bestimmbaren Lactosespaltung als Meßparameter für das Vorhandensein des Enzyms arbeitet man mit einem Testsystem, in dem man der β-Galactosidase o-Nitrophenyl-β-D-Galactosid (ONPG), eine unphysiologische Verbindung mit glykosidischer Bindung, zur Spaltung anbietet. Bei Anwesenheit von β-Galactosidase entsteht aus dem farblosen ONPG das gelbe o-Nitrophenol.

Material

a) Übernachtkultur von *Escherichia coli* in Nährmedium
   Nährmedium: 10 g Pepton, 5 g NaCl, 1,3 g Glucose auf 1000 ml H_2O
b) Nährlösung A
   14,6 g Na_2HPO_4; 3,5 g KH_2PO_4 mit Aqua dest. auf 500 ml auffüllen

c) Nährlösung B
1 g NH_4Cl; 0,5 g NaCl; 0,2 g $MgSO_4$; 0,4 g Hefeextrakt, 4 g Glycerin; 0,01 g $CaCl_2$ mit Aqua dest. auf 500 ml auffüllen; Nährlösung A und B sind getrennt im Dampftopf 30 min bei 120 °C unter Druck zu sterilisieren und vor Versuchsbeginn erst 1 : 1 zu mischen.
d) Glucose-Lösung, 20 g/500 ml H_2O
e) Lactose-Lösung, 20 g/500 ml H_2O
f) Chloramphenicol
Zu einem Teil der sterilisierten und abgekühlten Lactose-Lösung werden 1 $mg \cdot ml^{-1}$ Chloramphenicol zugesetzt.
g) Pipetten in Pipettenhülsen
h) Reagenzgläser, Belüftungsröhrchen, Plastikschläuche, Watte
i) Toluol
j) Pasteurpipetten mit Hütchen
k) Pipetten
l) o-Nitrophenylgalactosid (ONPG), 5 $mg \cdot ml^{-1}$
m) Phosphat-Puffer, pH 7,0 (s. Kapitel 10.5)
n) Natriumcarbonat Na_2CO_3, 1-M
o) Reagenzgläser
p) Wasserbad, 37 °C

Die Materialien a) bis h) müssen unter Beachtung der in der Bakteriengenetik üblichen Maßnahmen sterilisiert und steril aufbewahrt werden.

Versuchsdurchführung

Von *Escherichia coli* wird eine Übernachtkultur (ÜNK) bei 37 °C unter ständiger Belüftung (Aquariumpumpe mit Plastikschläuchen und Pasteur-Pipetten) angesetzt. 0,2 ml Bakteriensuspension werden von dieser ÜNK in 19,8 ml Nährmedium ohne Glucosezusatz übertragen und 6 Stunden bei 37 °C unter Belüftung inkubiert. Folgende Ansätze für den Versuch müssen dann vorbereitet werden:

Ansatz A: 32 ml Nährlösung (A : B = 1 : 1)
4 ml Bakteriensuspension
4 ml Glucose-Lösung

Ansatz B: 32 ml Nährlösung (A : B = 1 : 1)
4 ml Bakteriensuspension
4 ml Lactose-Lösung

Ansatz C: 32 ml Nährlösung (A : B = 1 : 1)
4 ml Bakteriensuspension
4 ml Lactose-Lösung mit 1 $mg \cdot ml^{-1}$ Chloramphenicol

Die Ansätze werden bei 37 °C im Wasserbad belüftet. Jeweils 5-ml-Proben für den Test auf enzymatische Aktivität müssen den Ansätzen nach 0 min, 30 min, 60 min, 90 min, 120 min, 150 min steril entnommen werden.
Der Ansatz für den Test auf enzymatische Aktivität in einem unsterilen Reagenzglas sieht folgendermaßen aus:

Probe:	1 ml	Sterilität ist nicht notwendig.
Phosphat-Puffer, pH 7:	1 ml	
Toluol:	5 Tropfen	
ONPG ($5\ mg \cdot ml^{-1}$):	0,2 ml	

Die Testansätze müssen bei 37 °C im Wasserbad stehen. Toluol als Zusatz bricht die Bakterienzellen auf und setzt bei Induktion das Enzym β-Galactosidase frei. Die Reaktion wird jeweils nach 30 min durch Zugabe von 1 ml 1-M Na_2CO_3-Lösung gestoppt.

Ergebnisse

Für die Bakterienzellen würde es eine unnötige Belastung darstellen, ständig ein Enzymsystem für den Lactose-Abbau zur Verfügung zu haben, solange Glucose als Nahrungsquelle angeboten wird (negatives Ergebnis im Ansatz A). Der ebenfalls negativ verlaufende Ansatz C mit Chloramphenicol beweist, daß die Synthese des Enzymsystems durch das Angebot an Lactose in Ansatz B erst induziert werden muß (positives Ergebnis in Ansatz B).
Als zusätzliche Variante des Versuches kann die Gelbfärbung im Ansatz B photometrisch verfolgt werden, um eine Induktionskinetik zu erhalten. Für die photometrische Auswertung müssen die Reste der Bakterienzellen erst abzentrifugiert werden (10 min bei höchster Geschwindigkeit), bevor man bei 430–480 nm Wellenlänge die Messungen des Überstandes durchführen kann.

Aufgabe

a) Entwerfen Sie für die Induktion der drei zum Lactoseabbau notwendigen Enzyme das Jacob-Monod-Modell der Genregulation bei Bakterien, wobei Sie auch die Art der Regulation kennzeichnen sollten!
b) Entwickeln Sie an diesem Beispiel einen kybernetischen Regelkreis!

5 NOMENKLATUR UND REAKTIONSWEISEN DER ENZYME

Aufgrund der immer größer werdenden Zahl von beschriebenen Enzymen war es notwendig, eine gewisse Systematik in die bis dahin doch sehr willkürliche Art der Benennung von Enzymen zu bringen. Die Art des Substrats, die Wirkung oder der Reaktionsmechanismus gaben bisher den Ausschlag.
Die alleinige Einteilung nach der *Substratspezifität* (s. Kapitel 7.2) reichte nicht aus, wie nachstehendes Beispiel zeigt:

$$\text{(Glucose)}_n \xrightarrow[+\ H_2O]{\text{Amylase}} \text{(Glucose)}_{n-2} + \text{Maltose}$$

$$\text{(Glucose)}_n \xrightarrow[\text{Phosphorylase}]{+\ H_3PO_4} \text{Glucose-1-phosphat} + \text{(Glucose)}_{n-1}$$

(abgewandelt nach *Karlson*)

Es ist bereits in Kapitel 4 erwähnt worden, daß Enzyme die Einstellung der Gleichgewichtslage einer Reaktion beeinflussen. Enzyme besitzen die Fähigkeit, sich unter mehreren möglichen Umsetzungen eines oder mehrerer Substrate eine bestimmte, für das jeweilige Enzym konstante Reaktion herauszusuchen.
Ganz allgemein lassen sich drei Typen von Enzymreaktionen unterscheiden, denen dann wiederum die unterschiedlichen Reaktionsmechanismen zugeordnet werden können.

Typus I $A + B \overset{E}{\rightleftarrows} C + D$

Bei dieser Reaktion werden in beiden Richtungen zwei Substrate gleichzeitig verändert.

Typus II $A + B \overset{E}{\rightleftarrows} C$

Bei dieser Reaktion werden in der einen Richtung zwei, in der anderen ein Substrat verändert.

Typus III $A \overset{E}{\rightleftarrows} B$

Intramolekulare Umlagerungen im Substrat vollziehen sich bei dieser Reaktion.

Sechs Hauptklassen von Enzymreaktionsmechanismen lassen sich rein schematisch diesen Reaktionstypen zuordnen:

Zu Typus I gehörig:

1. Hauptklasse: **Oxidoreduktasen**
   Diese Enzyme katalysieren Redoxprozesse. $NAD^+/NADH + H^+$, $NADP^+/NADPH + H^+$, Sauerstoff oder Cytochrome sind Akzeptoren des Wasserstoffs bzw. der Elektronen.
   Trivialnamen: Dehydrogenasen, Oxydasen, Reduktasen, Hydroxylasen, Transhydrogenasen usw.
2. Hauptklasse: **Transferasen**
   Enzyme katalysieren Gruppenübertragungen. Es werden Methyl-, Carboxyl-, Amino-, Phosphat-Gruppen usw. übertragen.
3. Hauptklasse: **Hydrolasen**
   Enzyme greifen, meist unter Wasseraufnahme, Ester-, Glykosid-, Peptid-Bindungen usw. an und spalten sie.
   Trivialnamen: Esterasen, Glykosidasen, Amylasen, Peptidasen, Phosphatasen.

Zu Typus II gehörig:

4. Hauptklasse: **Lyasen**
   Enzyme spalten die Substrate an **—C—C—** -, **=C=O** -, **≡C—N=** - Bindungen nicht hydrolytisch.
   Trivialnamen: Decarboxylasen, Aldolasen.
6. Hauptklasse: **Ligasen**
   Enzyme katalysieren den Zusammenschluß von zwei Substraten, zumeist unter Verbrauch von ATP. Hierher gehören z.B. die Aminosäuren aktivierenden Enzyme der Eiweißsynthese.

Zu Typus III gehörig:

5. Hauptklasse: **Isomerasen**
   Als *Epimerasen* bzw. *Racemasen* verändern sie die optische Aktivität des Substrats durch Wandel der sterischen Anordnung an einem asymmetrischen C-Atom.
   Cis-trans-Isomerasen verändern die räumliche Anordnung eines Moleküls.
   Intramolekulare Oxidoreduktasen bewirken als Isomerasen die Ausbildung von Aldose- und Ketose- bzw. Keto- und Enol-Form.
   Trivialnamen: Enolasen.
   Als *intramolekulare Transferasen* übertragen sie Gruppen innerhalb eines Substratmoleküls. Trivialnamen: Mutasen.

Auf diesen verschiedenen *Wirkungsspezifitäten* der Enzyme wurde die Nomenklatur aufgebaut. Sie wurde von der Internationalen Union für Biochemie 1961 entwickelt, als die Liste der Trivialnamen immer unübersichtlicher wurde. Die Richtlinien bestimmen für die Namengebung folgende zu nennende Bestandteile:

1. Name des ersten Substrats, des zweiten Substrats oder eines Coenzyms bzw. Akzeptors in Reaktionsrichtung
2. Art des Reaktionsmechanismus (Hauptklasse)
3. Endsilbe «ase» zur Kennzeichnung der Enzymnatur des Proteins.

Jedes Enzym erhält dazu in dem systematischen Katalog (Enzyme Cataloge, EC) eine vierstellige Nummer (EC-Nummer) zugeteilt, die sich wie folgt zusammensetzt:

EC X.	Nummer der Hauptklasse
X.Y.	Art des ersten Substrats (Donator)
X.Y.Z.	Art des Akzeptors
X.Y.Z.a	fortlaufende Nummer innerhalb der Gruppierung.

Im folgenden soll nun beispielhaft an den im Text aufgeführten und dort zumeist mit Trivialnamen bezeichneten Enzymen die Einordnung in die Systematik vorgenommen werden. Die Vorstellung der Reaktionsmechanismen soll ebenso wie die Angabe von spezifischen Enzymdaten das Bild dieser Systeme abrunden (Vorkommen und Isolierung von Enzymen s. Kapitel 6).

Alkohol-Dehydrogenase

$$R{-}CH_2OH + NAD^+ \overset{E}{\rightleftarrows} R{-}C{\genfrac{}{}{0pt}{}{\diagup H}{\diagdown\!\!\diagdown O}} + NADH + H^+$$

Die primäre Alkohol-Gruppe wird als Donator oxidiert zur Aldehyd-Gruppe, wobei NAD^+ als Akzeptor reduziert wird.

EC-Nummer	1.	Oxidoreduktase
	1.1.	Alkohol-Gruppe als Donator
	1.1.1.	NAD^+ als Akzeptor
	1.1.1.1	laufende Nummer in dieser Unterklasse

EC 1.1.1.1 Alkohol: NAD^+-Oxidoreduktase

Molekulargewicht (MG)	150000	(aus Hefe)
	84000	(aus Leber)
pH-Optimum (pH-Opt)	7,2	(aus Leber)
	8,6	(aus Hefe)
Michaelis-Konstante (Mi-Konst)	$1{,}8 \cdot 10^{-2}$-M	(für Äthanol)
(s. Kapitel 4 und 8)	$1{,}1 \cdot 10^{-4}$-M	(für Acetaldehyd)

α-Amylase

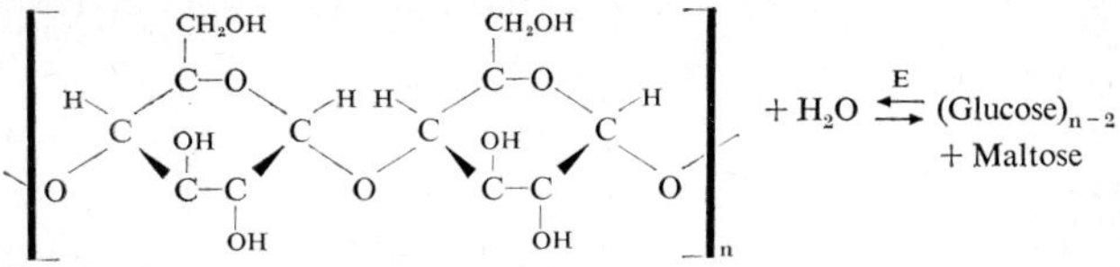

α-Amylasen spalten hydrolytisch die Glykosidbindung zwischen Glucosebausteinen innerhalb des Stärkemoleküls und schneiden endoenzymatisch Maltose-Einheiten heraus.

EC 3.2.1.1 α-1,4-glucan-4-glucanohydrolase
MG 45000
pH-Opt 4,7 bis 5,4 (aus Malz)
6,9 (aus Tiergeweben)

Glucose-Oxidase

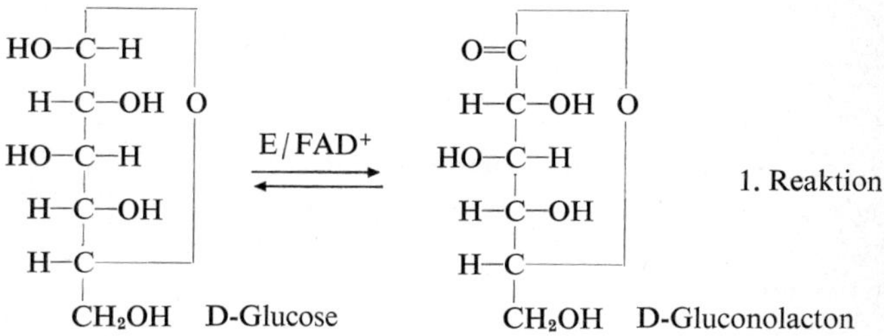

Enzym/FADH + H^+ + O_2 → Enzym/FAD^+ + H_2O_2 2. Reaktion

Das Enzym oxidiert eine Hydroxylgruppe in der D-Glucose, wobei seine prosthetische Gruppe FAD^+ reduziert wird. Es überträgt dann den Wasserstoff und die Elektronen auf ein Sauerstoffmolekül als Akzeptor.

EC 1.1.3.4 β-D-Glucose: O_2-Oxidoreduktase

L-Glutamat-Dehydrogenase

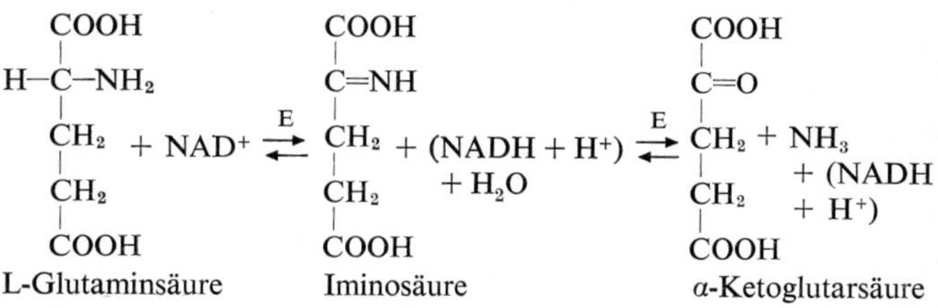

Das Enzym benötigt NAD^+ als Akzeptor, das reduziert wird. Es wirkt auf die $-CH-NH_2$-Gruppe des Donators Glutamat ein, die zur $=C=O$-Gruppe oxidiert wird.

EC 1.4.1.2	L-Glutamat: NAD^+-Oxidoreduktase
MG 1000000	
pH-Opt	8,0
Mi-Konst	$1{,}92 \cdot 10^{-3}$-M (für L-Glutamat)
	$7{,}0 \cdot 10^{-4}$-M (für α-Ketoglutarat)

Katalase

H_2O_2 + Enzym $\rightarrow$ Enzym-H_2O_2 — 1. Reaktion

Enzym-H_2O_2 + H_2O_2 $\rightarrow$ Enzym + 2 H_2O + O_2 — 2. Reaktion

Das Enzym bindet in einer Primärreaktion H_2O_2. Dieser Komplex wirkt dann reduzierend auf den Akzeptor H_2O_2 ein.

EC 1.11.1.16	Hydrogen-peroxid: Hydrogen-peroxid-oxidoreduktase
MG 230000	
Umsatzzahl:	2,5 bis $5 \cdot 10^6$ Mol/min

Labferment oder Rennin

$$\text{Casein} + H_2O \overset{E}{\rightleftarrows} \text{Paracasein} + \text{Restpolypeptid}$$

Das Enzym verwandelt vor allem das lösliche Caseinogen der Milch auf hydrolytische Weise in die unlösliche Form.

EC 3.4.23.4	Rennin
MG 40000	
pH-Opt	3,7

Pepsin

$$\text{Protein} + H_2O \overset{E}{\rightleftarrows} \text{Peptid} + \text{Peptid}$$

Das Enzym des Magensafts spaltet mit nur geringer Spezifität hydrolytisch alle Proteine.

EC 3.4.23.1	Pepsin
MG 35000	
pH-Opt	1,5 bis 2

Phenol-Oxidase

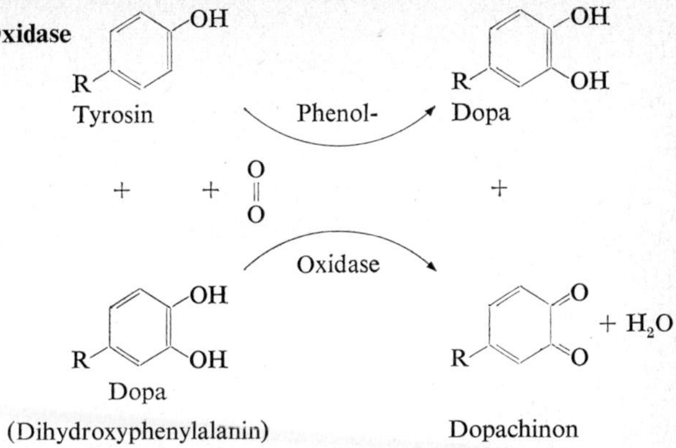

Das Enzym oxidiert Tyrosin, wobei Sauerstoff als Akzeptor reduziert wird. Ein Atom des oxidierenden Sauerstoffs wird zunächst auf das Monophenol übertragen. Das Diphenol gibt in einer 2. Reaktion zwei Wasserstoffatome an das 2. Sauerstoffatom ab. Wasser und ein Chinon sind Endprodukte der Reaktion.

EC 1.14.18.1	o-Diphenol: Oxygen-oxidoreduktase
MG 100000	
pH-Opt	6–8
Umsatzzahl:	7000 Mol/min

Phosphofructokinase

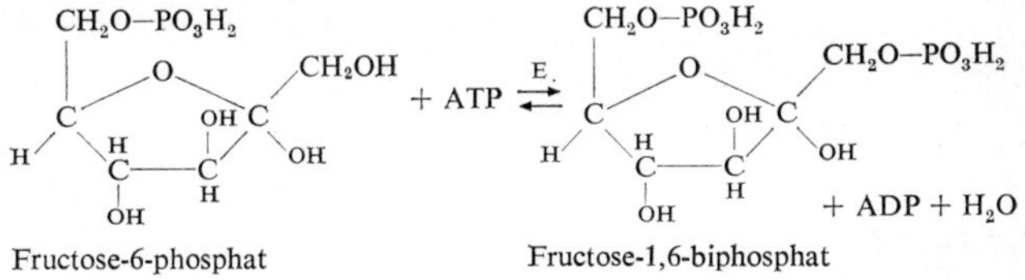

Das Enzym überträgt eine H_2PO_3-Gruppe vom ATP auf die primäre C_1-Alkoholgruppe des Zuckers.

EC 2.7.1.11	ATP: D-Fructose-6-phosphat-1-phosphotransferase
Mi-Konst	$3 \cdot 10^{-5}$-M (für ATP)

Phosphorylase a

$$\underset{\text{Stärke}}{(C_6H_{10}O_5)_n} + \underset{\text{Phosphorsäure}}{H_3PO_4} \overset{E}{\rightleftarrows} \underset{\text{Glucose-1-phosphat}}{C_6H_{11}O_5{-}OPO_3H_2} + \underset{\text{Stärke}}{(C_6H_{10}O_5)_{n-1}}$$

Das Enzym spaltet von dem Stärkemolekül Glucoseeinheiten ab und überträgt sie auf eine Phosphat-Gruppe.

EC 2.4.1.1	1,4-α-D-Glucan: Orthophosphat-α-glucosyltransferase
MG 207000	
pH-Opt	6,5
Mi-Konst	$3{,}5 \cdot 10^{-3}$-M (für Glucose-1-phosphat)
	$7{,}5 \cdot 10^{-3}$-M (für anorganisches Phosphat)

Succinat-Dehydrogenase

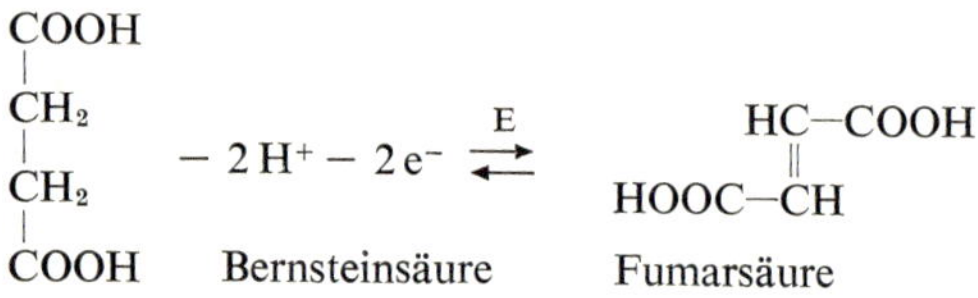

Bernsteinsäure wird oxidiert. Im physiologischen System fungieren entweder Ubichinon oder Cytochrom b in der Atmungskette als Akzeptoren. Unphysiologischer Akzeptor kann auch Methylenblau sein.

EC 1.3.99.1	Succinat: Akzeptor-oxidoreduktase
MG 200000	
pH-Opt	7–8
Mi-Konst	$1{,}3 \cdot 10^{-3}$-M

Urease

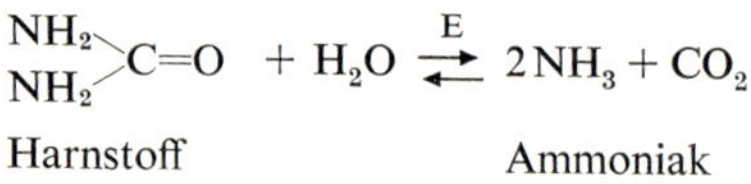

Urease spaltet die nicht peptidische **C–N**-Bindung des geradkettigen Amids Harnstoff auf hydrolytische Weise.

EC 3.5.1.5	Urea-amidohydrolase
MG 480000	
pH-Opt	6,4 bis 7,6
Mi-Konst	$2{,}5 \cdot 10^{-2}$-M

Aufgabe

a) Versuchen Sie, andere, Ihnen bekannte Enzyme einzuordnen!
b) Klären Sie den Begriff Redoxsystem!

6 HERKUNFT UND ISOLIERUNG DER ENZYME

Verbesserte optische Geräte und biochemische Methoden haben gezeigt, daß die Zelle ein mit ungeheurer Präzision ablaufendes Schaltwerk von Stoffwechselvorgängen ist. An den Schaltstellen stehen jeweils Enzyme; 1300 bisher beschriebenen endozellulären (= in der Zelle wirkend) steht nur eine kleine Zahl extrazellulärer Enzyme (= außerhalb der Zelle wirkend, zumeist Hydrolasen des Magen-und-Darm-Traktes bei Tieren) gegenüber. Mit Hilfe des Elektronenmikroskops wurde gezeigt, daß in der Zelle eine bis ins kleinste durchgeführte Kompartimentierung die Arbeitsteilung erleichtert. Kern, endoplasmatisches Retikulum, Mitochondrien, Chloroplasten, Golgi-Apparate usw. befinden sich als membranöse Strukturen innerhalb des Cytosols, dessen äußere Begrenzung die Zellwand oder Zellmembran bildet. Was einfache Überlegungen schon wahrscheinlich machte, konnte durch die Elektronenmikroskopie nachgewiesen werden. Die Enzymsysteme sind in fester Ordnung an die Membransysteme gebunden und ermöglichen dadurch erst über viele Einzelschritte verlaufende Kettenreaktionen (Atmungskette, Glykolyse, Photosynthese).
An den Membranen sind die Enzyme ebenso wie im Cytosol von Struktur- oder anderen Proteinen umgeben, die ihre Aktivität beeinflussen. Biochemische Methoden helfen, Enzyme losgelöst aus ihrer Umgebung zu untersuchen. Dies erscheint notwendig zu sein, da man sich erst aus den Kenntnissen vieler Einzelenzyme ein zusammenhängendes Bild einer Reaktionskette machen kann. Zunächst muß man die Zelle und ihre Organelle aufbrechen, um die Eiweiße zu isolieren. Hier bieten sich *Zentrifugation, Homogenisieren* (Zerkleinern) oder *osmotischer Schock* an. Da verschiedene Eiweißmoleküle unterschiedliche Größe und damit unterschiedliches Gewicht besitzen, können *Zentrifugation* oder auch *Dialyse* als weitere Maßnahmen eingesetzt werden (s. Kapitel 3). Denkt man an die unterschiedlichen Ladungen in einem Proteinmolekül, so kommen auch *elektrische Trennverfahren* (Elektrophorese = Wanderung im elektrischen Feld aufgrund unterschiedlicher Ladung), *chromatographische Trennung* (Verteilung nach Löslichkeitsunterschieden in einer Trennflüssigkeit und nach unterschiedlicher Adsorption an einen Träger) oder einfaches *Aussalzen* und *Kristallisieren* zum Zuge.
Dies sind bisher aber alles Methoden der Proteinchemie, mit denen man jedes beliebige Eiweißgemisch untersuchen kann. Die Suche nach den Enzymen oder besser nach einem Enzym muß nach jedem Isolierungsschritt durch einen für das Enzym spezifischen Test kon-

trolliert werden. Die Geschwindigkeit, mit der ein bestimmtes Substrat (Substratspezifität) umgesetzt wird, wird bei einer fortlaufenden Reinigung des Enzyms größer werden: jeder Reinigungsschritt erhöht also die *spezifische Aktivität* des Enzyms (s. Kapitel 7.1). Da Enzyme starke Aktivitätsverluste bei Erwärmung, Veränderung des pH-Werts oder des Ionenmilieus erleiden (s. Kapitel 3 und 7), sind alle Verfahren am besten nur kurzzeitig, in der Kälte und schonend durchzuführen. Schonende Behandlung erhöht die Ausbeute, langsames wiederholtes Umkristallisieren den Reinheitsgrad.
Für einige Enzyme, die in den Versuchen benützt werden, sind jedoch diese Präparationsverfahren in Schullaboratorien undurchführbar. Aufwand und Erfolg ständen wahrscheinlich in keinem Verhältnis zum Preis eines käuflichen Fertigpräparates. Im folgenden werden daher nur für einige der im Buch verwendeten Enzyme Darstellungsverfahren aufgezeigt, bei denen die besprochenen Techniken aber auch ihre Anwendung finden. Alle verwendeten Enzyme werden kurz mit ihrem Wirkungskreis im Zellstoffwechsel vorgestellt.

Versuch Nr. 17: Alkohol-Dehydrogenase aus Hefe

Alkohol-Dehydrogenasen kommen verbreitet in Pflanzen, Tieren und Mikroorganismen vor; am besten untersucht sind sie bei der Hefe und in der Säugetierleber. Geringe Anteile treten auch in den Nieren auf, in anderen Geweben ist das Enzym kaum nachzuweisen.
In der Hefe vollzieht das Enzym den letzten Schritt in der alkoholischen Gärung vom Acetaldehyd, der aus der Brenztraubensäure (Pyruvat) durch Decarboxylierung entstanden ist, zum Äthanol. Im tierischen Organismus sind die Alkohol-Dehydrogenasen fast nur als Anfangsglieder einer Alkoholabbaukette eingesetzt, da ja der anaerobe Abbau wie bei den Hefen unterbleibt.

Aufgabe

Welches Substrat wird von der Alkohol-Dehydrogenase im Sehprozeß der Wirbeltiere umgesetzt?

Material

a) Bäckerhefe
b) Natriumhydrogenphosphat, Na_2HPO_4, 0,066-M Lösung
c) Aceton
d) Ammoniumsulfat, $(NH_4)_2SO_4$
e) Zentrifuge, Gläser
f) Dialyse-Schlauch
g) Aqua dest.

h) Wasserbad oder Thermoschrank, 37 °C
i) Kältemischungen, 0 °C und − 2 °C (s. Kapitel 10.3)
j) Bechergläser, Trichter, Filterpapier, Mörser, Pistill

Versuchsdurchführung

Bei Zimmertemperatur getrocknete Hefe wird nach dem Zermahlen bei 0 °C einer Extraktion mit 0,066-molarer, wäßriger Na_2HPO_4-Lösung bei 37 °C unterzogen, die Hefereste werden dann durch Abzentrifugieren entfernt. Hierbei ist vor dem Anstellen der Zentrifuge auf den Gewichtsausgleich zu achten. Der erhaltene Extrakt wird mit dem halben Volumen Aceton bei − 2 °C versetzt, und der entstandene Niederschlag wird verworfen. Durch weitere Zugabe von Aceton (55 ml pro 100 ml Extrakt) bei der gleichen Temperatur wird das Enzym ausgefällt. Der Niederschlag wird in Wasser suspendiert; die Suspension wird gegen kaltes Wasser dialysiert, worauf der zurückbleibende Niederschlag durch Zentrifugation entfernt und verworfen wird. Die überstehende Flüssigkeit wird pro 100 ml mit 36 g festem Ammoniumsulfat versetzt und der entstandene Niederschlag nach 30minütigem Aufbewahren bei 0 °C abzentrifugiert, in 20 ml dest. Wasser aufgenommen und wiederum mit 4 g festem Ammoniumsulfat versetzt. Nach Abzentrifugieren des Niederschlags wird weiter in kleinen Portionen Ammoniumsulfat zugegeben, bis eine 60 %ige Sättigung erreicht ist; schon nach Zugabe der ersten Portion beginnt das Enzym auszukristallisieren. Die Kristalle können durch Auflösen in Wasser und Zugabe kleiner Mengen von gesättigter Ammoniumsulfatlösung umkristallisiert werden.

Hinweis

Die Einzelschritte sollten vor Versuchsbeginn auf einem Zettel stichwortartig in Folge notiert werden. Beschriften der Gefäße ist wie überhaupt bei allen anderen Versuchen unumgänglich.

Versuch Nr. 18: α-Amylase aus Gerstensamen

α-Amylasen werden bei Tieren vor allem im Pankreas und in den Speicheldrüsen angetroffen. In Getreidekörnern treten sie nur nach der Keimung auf (Aktivierung durch den Wuchsstoff Gibberellin). Mikroorganismen enthalten sie ebenfalls. α-Amylasen regulieren das Angebot von Polysacchariden aus den Reservestoffen Stärke und Glykogen für den Stoffwechsel des Organismus. Handelspräparate der Amylasen sind bisher auch unter dem Namen Diastase vertrieben worden.

Aufgabe

Untersuchen Sie die Mitwirkung der Amylase bei der Keimung höherer Pflanzen!

Material

a) Ausgekeimte Gerstensamen
   3–4 Tage vor dem Versuch ca. 100 Samen in einer Petrischale auf feuchtem Filterpapier ausbreiten; bei Zimmertemperatur stehen lassen.
b) Mörser mit Pistill
c) Sand
d) Zentrifuge (8000 $U \cdot min^{-1}$)

Versuchsdurchführung

Die gekeimten Körner werden im Mörser mit Sand zerrieben und mit 50 ml Wasser extrahiert. Der Extrakt wird durch Zentrifugation (15 min) von Zelltrümmern befreit. Er ist kühl aufzubewahren. Vor Gebrauch ist er 1:20 zu verdünnen.

Glucose-Oxidase

Dieses Enzym wurde bei Versuchen am Schimmelpilz *Penicillium notatum* zum erstenmal entdeckt, da es neben dem Penicillin auch scheinbar eine antibiotische Wirkung zeigte. Es wurde «Notatin» bzw. «Penicillin B» genannt. Genauere Untersuchungen stellten seine ausschließliche Wirkung in Anwesenheit von Glucose fest. Sobald auch Katalase im System anwesend war, verschwand die antibiotische Wirkung. Sie beruhte also nur auf der denaturierenden Wirkung des angesammelten H_2O_2, das bei der Umsetzung von Glucose durch das Enzym in zwei Teilreaktionen entsteht.

L-Glutamat-Dehydrogenase

In allen tierischen und pflanzlichen Geweben kommt dieses Enzym, das die Glutaminsäure oxidativ desaminiert, zum Zuge, insbesondere bei Tieren im Herzmuskel, Gehirn, Nieren und Leber. Seine biologische Bedeutung liegt in der Brückenstellung zwischen Aminosäure- und Kohlenhydrat-Stoffwechsel.

Aufgabe

Informieren Sie sich über den Aminosäure-Zyklus und den aeroben Abbau der Kohlenhydrate!

Versuch Nr. 19: Katalase aus Leber oder pflanzlichem Gewebe

Katalasen kommen in fast allen tierischen und pflanzlichen Organen, Zellen und Gewebeflüssigkeiten vor. Da H_2O_2, ihr Substrat, ein Stoffwechselgift darstellt, ist seine schnelle Beseitigung mittels des Enzyms erwünscht.

Material

a) Frische Leber (Schweine- oder Rinder-Leber) oder frische Pflanzenblätter
b) Mörser mit Pistill
c) Sand
d) Aqua dest.

Versuchsdurchführung

Gewebe im Mörser mit Sand gut zerreiben und mit Wasser aufnehmen.

Labferment (Rennin)

Das Enzym ist im Magensaft von Tier und Mensch aufzufinden. Um vor allem bei Jungtieren und Babys die Nährstoffe der Milch voll ausnützen zu können, muß die Milchgerinnung möglichst schnell erfolgen; die Verweildauer im Magen kann so erhöht werden. Die hydrolytische Wirkung des Enzyms auf die Peptidbindungen des Caseins ist dabei nicht sehr spezifisch. Das Enzym gehört zu der Gruppe der Endopeptidasen, die bi- und trivalente Kationen als Aktivatoren benötigen. Da sein Substrat nur das Milcheiweiß Casein ist, kann es ständig in aktiver Form im Magenraum vorliegen und braucht nicht erst durch Umwandlung aus einer inaktiven Vorstufe zu entstehen.

Pepsin

Pepsin ist eine Endopeptidase des Magensafts. Es greift die Proteine hauptsächlich an aromatischen oder sauren Aminosäuren an, wobei es auf die Nachbarschaft von bestimmten Aminosäuren in der Kette nicht angewiesen ist. Es spaltet die Eiweiße auf hydrolytische Weise. Voraussetzung ist jedoch, daß die Aminosäuren in L-Konfiguration im Eiweiß vorliegen. Da es die Zersetzung aller Eiweiße katalysiert, muß sich der Magen, insbesondere die Magenwand, zunächst durch eine Schleimhaut vor Eigenverdauung schützen. Sodann liegt das Enzym in einer inaktiven Vorstufe im Magen vor, die aktiviert wird, wenn der Speisebrei den Schlund passiert. Erst bei der Nahrungsaufnahme schütten die Belegzellen der Magenwand Salzsäure aus, die einmal die Nahrungseiweiße gerinnen läßt, zum anderen auch das

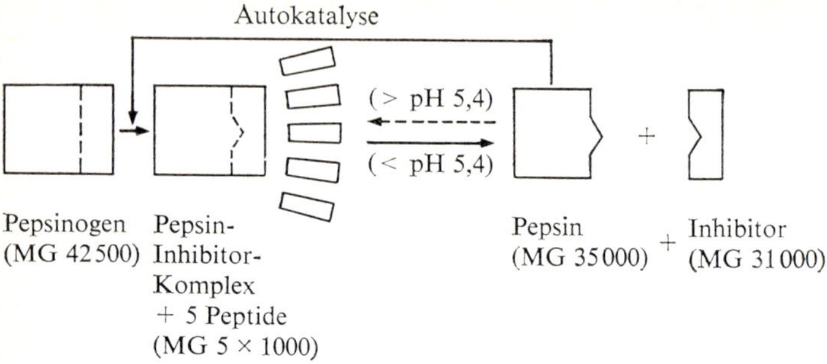

Abb. 24. **Aktivierung des Pepsins** (nach *Aebi,* a. a. O.)

Pepsinogen, die inaktive Vorstufe des Pepsins, zersetzt, wobei das aktive Pepsin entsteht. Sobald Pepsinmoleküle gebildet worden sind, können sie den weiteren Aktivierungsvorgang *autokatalytisch* unterstützen.

Versuch Nr. 20: Phenol-Oxidase aus Kartoffelsaft

Pilze, höhere Pflanzen, Wirbellose und Wirbeltiere besitzen dieses Enzym, das sehr lange den Trivialnamen «Tyrosinase» geführt hat. Tyrosin kann als Ausgangssubstrat angesehen werden; es wird selbst in Eiweißketten angegriffen. Besondere Bedeutung hat das Enzym in den Melanomen von tierischen Zellen, wo es aus Tyrosin über Dopa die an Eiweiße gebundenen Melanine synthetisiert. In Pflanzen bewirken Phenol-Oxidasen das Nachdunkeln von Schnittflächen und bei Insekten neben der Melaninbildung auch die Braunfärbung und Sklerotisierung der Kutikula.

Material

a) Entsafter, Küchenmaschine (z. B. Mixstab) oder Kartoffelreibe
b) Kartoffeln
c) Filter, Trichter
d) Bechergläser

Versuchsdurchführung

Die Kartoffeln sind sehr fein zerkleinert in den Entsafter zu geben. Steht kein Entsafter zur Verfügung, so muß auf die Zerkleinerung eine Filtration (Faltenfilter) im Kühlschrank folgen, bis ein klarer Kartoffelsaft gewonnen worden ist.

Phosphofructokinase

Das Enzym tritt in allen Zellen auf, die Glucose über die Glykolyse abbauen. Es ist das geschwindigkeitsbestimmende Enzym der Glykolyse. Energiereiche Produkte, wie ATP, die durch den Glucose-Abbau in der Atmungskette gebildet werden, regulieren, da sie selbst als zweites Substrat fungieren, ihre eigene Bildung.

Aufgabe

a) Welche anderen Energieträger gibt es in biologischen Systemen?
b) Welcher Kreisprozeß liegt zwischen dem Zuckerabbau im Plasma und der Energiegewinnung (ATP-Bildung) in den Mitochondrien?

Versuch Nr. 21: Phosphorylase a aus Kartoffeln

Phosphorylase a scheint bei Tier und Pflanze für den Abbau von Reservekohlenhydraten verantwortlich zu sein. Die Spaltung von Stärke und Glykogen auf nicht-hydrolytische Weise ist vom energetischen Standpunkt aus besser geeignet als die Amylase-Reaktion, da bei Einschleusung in die Glykolyse nicht mehr zusätzliche Energie aufgewendet werden muß. Obwohl die Reaktion umkehrbar ist, verläuft die Biosynthese von Stärke und Glykogen über Nukleosiddiphosphat-glucose und die Stärkesynthetase.

Material

a) 50–100 g geschälte, frische Kartoffeln
b) Mixer
c) Zentrifuge
d) Kühlschrank
e) Kaliumfluorid-Lösung, 1-molar (0,58 g KF/10 ml H_2O; **giftig!**)
f) Trichter, Filterpapier
g) Bechergläser

Versuchsdurchführung

Die Kartoffeln werden im Mixer mit 40 ml Wasser zerkleinert. Der Extrakt wird sodann 30 min bei höchster Geschwindigkeit zentrifugiert. Der Überstand ist zu dekantieren, zu filtrieren und mit 0,5 ml der 1-M KF-Lösung zu versetzen (Hemmung der Phosphatasen).
Pipettieren Sie auf keinen Fall mit dem Mund, da Kaliumfluorid ein starkes Gift ist!
Alle Handhabungen sind in der Kälte durchzuführen. Vor Gebrauch ist der Extrakt 1:5 zu verdünnen. Braucht man für den Versuch eine Nullprobe, so sind 10 ml Extrakt 5 min lang zu erhitzen (dann wieder abkühlen lassen, Temperaturgleichheit der Ansätze).

Versuch Nr. 22: Succinat-Dehydrogenase aus Blumenkohl

Außer in strikt anaerob lebenden Bakterien kommt das Enzym als Teil des Succinat-oxidase-Systems in allen Zellen vor. Es ist zum einen Teilkatalysator im Citronensäurezyklus, zum anderen auch an der Atmungskettenphosphorylierung (ATP-Bildung) beteiligt.

Aufgabe

a) Diskutieren Sie die Atmungskette auf der Grundlage von Redoxsystemen!

b) Klären Sie die Stellung des Enzyms in dem Citronensäurezyklus. Wie viele Moleküle ATP können in der Atmungskette durch Einschleusung des durch die Enzymreaktion beladenen Wasserstoffüberträgers FADH + H^+ höchstens gebildet werden?

Material

a) 150 g Blumenkohl

b) Kaliumphosphat-Puffer, pH 7,5 (s. Kapitel 10.5) darin Saccharose, 0,4-molar, gelöst

c) Verbandsmull

d) Zentrifuge, Gläser

e) Mixgerät

f) Eis

g) Bechergläser

Versuchsdurchführung

150 g Blumenkohl werden im Mixer mit 100 ml Kaliumphosphat-Puffer 30 sec lang zerkleinert. Dieses Homogenat wird dann durch 4 Lagen Verbandsmull gepreßt. Das Filtrat ist bei 1000 Umdrehungen pro Minute 10 min lang zu zentrifugieren. Der Überstand muß dann noch einmal für dieselbe Zeit einer Zentrifugation mit höchster Geschwindigkeit unterworfen werden. Der Überstand dieser 2. Zentrifugation ist in Eis aufzubewahren. Das Sediment soll mit Puffer auf das halbe Volumen des Überstandes resuspendiert werden (ca. 50 ml). Diese Partikelfraktion ist auch in Eis aufzubewahren.

Versuch Nr. 23: Urease aus Schwertbohnenmehl

Die biologische Bedeutung der Urease in Säugetierzellen (Erythrozyten, Mucosa des Magens) kann nur in der Produktion von Ammoniak liegen, der in einer Art Schutzwirkung Säuren neutralisieren soll. Für den Stickstoffzyklus haben Ureasen eine entscheidende Bedeutung, vor allem durch ihre Anwesenheit in den Bodenbakterien.

Aufgabe

Skizzieren Sie den Stickstoff-Kreislauf in der Natur!

Material

a) Schwertbohnenmehl
b) Aceton, 32 %
c) Citrat-Puffer, 0,5-molar, pH 6,0 (s. Kapitel 10.5)
d) Zentrifuge, Gläser
e) Standzylinder mit Meßskala
f) Bechergläser
g) Pipetten, Rührstab

Versuchsdurchführung

100 g Schwertbohnenmehl werden mit 500 ml 32 %igem Aceton verrührt und abfiltriert. Nach Stehen über Nacht finden sich im Filtrat oktaederförmige Kristalle, welche bereits Urease-Kristalle darstellen. Das so erhaltene, noch ungereinigte Präparat läßt sich auf verschiedene Weise umkristallisieren. Die Kristalle müssen dafür in Wasser gelöst (3 ml pro 100 g als Ausgangsmaterial verwendetem Mehl) und 2 Stunden lang bei höchster Tourenzahl in einem kalten Raum zentrifugiert werden. Zu je 20 ml der überstehenden Flüssigkeit werden 1 ml Citrat-Puffer und dann ein Fünftel des Gesamtvolumens an Aceton unter Umrühren zugegeben und gekühlt. Die Kristalle fallen innerhalb von 30 min fast komplett aus; die Ausbeute kann durch Acetonzugabe bis zur Gesamtacetonkonzentration von 25 % gesteigert werden.

Versuch Nr. 24: Coenzym NAD^+ aus Hefe

Coenzym NAD^+ (= Nicotinamid-adenin-dinukleotid)

Dieses Coenzym, von seinen Entdeckern «Coenzym I» genannt, in der älteren Literatur unter dem Namen DNP geführt, ist an sehr vielen Stoffwechselreaktionen beteiligt. Es übernimmt vielfach eine Mittlerrolle, indem es mit dem aufgeladenen Wasserstoff von Enzym zu Enzym, auch durch Membranen, pendelt. Es reagiert sehr spezifisch mit seinen Dehydrogenasen, ist also sehr selten gegen andere Coenzyme austauschbar. Selbst das Coenzym $NADP^+$ macht hier keine Ausnahme.

Mit der Entdeckung dieses Wasserstoff übertragenden Coenzyms hat die enzymologische Technik einen großen Schritt nach vorn machen können. In einem «*optischen Test*» kann die Oxidation bzw. Reduktion des $NAD^+/NADH + H^+$-Systems verfolgt werden. Da dieser

Vorgang eng verknüpft mit dem Substratumsatz ist, lassen sich Aussagen zur Aktivität des durch das Coenzym aktivierten Enzyms machen.

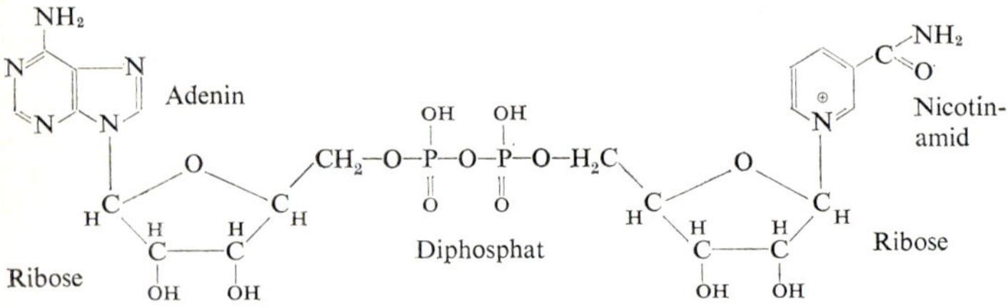

Abb. 25. **Struktur des NAD⁺**

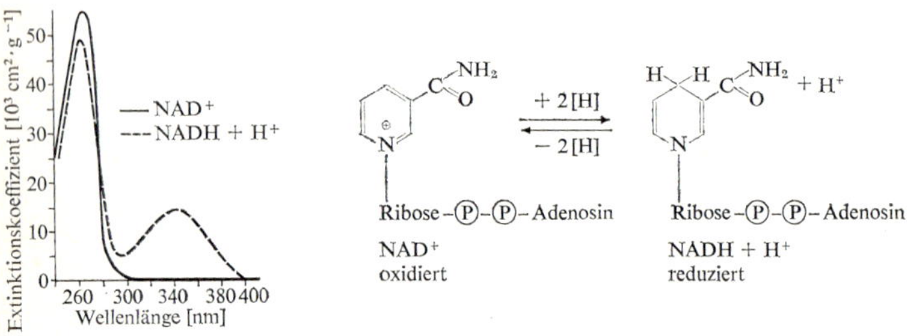

Abb. 26. **Absorption des NAD^+ / $NADH + H^+$-Systems**

Material

a) Bäckerhefe
b) Kieselgur
c) Basisches Bleiacetat, $Pb(OAc)_2 \cdot Pb(OH)_2$
d) Essigsäure, 10 %
e) Silbernitrat, 25 %
f) Schwefelwasserstoff, H_2S (**Vorsicht, giftig!**)
g) Aceton
h) Zentrifuge (8000 $U \cdot min^{-1}$), Gläser
i) Büchner-Trichter
j) Kältemischung, − 2 °C (s. Kapitel 10.3)
k) Bechergläser, Rührstab
l) Vakuumexsikkator
m) Aqua dest.

Versuchsdurchführung

In einen Liter kochendes Aqua dest. werden rasch etwa 500 g frische, grob zerkleinerte Bäckerhefe hineingegeben. Dabei soll die Temperatur nicht unter 90 °C absinken. Nach 5minütigem Stehen bei 90 °C soll die Reaktionstemperatur wieder auf 20 °C gesenkt werden.

Danach kann man die Hefesuspension bei höchster Drehzahl 20 min lang zentrifugieren. Dasselbe Ergebnis erreicht man auch, wenn man das Homogenat durch einen mit einer Kieselgurschicht bedeckten Büchner-Trichter absaugt. Dem Überstand bzw. dem Filtrat wird bis zu einer Endkonzentration von 10 % basisches Bleiacetat hinzugefügt. Der Niederschlag, bestehend aus Proteinen, ist durch Zentrifugation zu entfernen, während danach der Überstand durch 10 %ige Essigsäure unter ständigem Rühren auf einen pH-Wert von 6,5 eingestellt wird. Setzt man nun 50 ml Silbernitrat zu, so fällt nach längerer Zeit der Ruhe im Kühlschrank ein NAD^+-Silbersalz aus. Dieses muß zweimal mit Aqua dest. gewaschen und zentrifugiert werden (15 min bei 6000 $U \cdot min^{-1}$). Das Silber kann aus der feuchten Verbindung durch Einleiten von H_2S als Silbersulfid ausgefällt werden. Die wäßrige Lösung, das NAD^+ enthaltend, muß durch Belüftung danach von überschüssigem H_2S befreit werden. Zu dem Volumen wird das fünffache Volumen eiskalten Acetons zugefügt, woraufhin sich das NAD^+ niederschlägt. Es muß bei -2 °C abzentrifugiert und unter Vakuum getrocknet werden.

NAD^+ ist in neutraler Lösung im Kühlschrank 3 bis 4 Wochen haltbar.

7 DIE WIRKUNGSWEISE DER ENZYME

7.1 Aktivität der Enzyme

Im Kapitel 6 ist beschrieben worden, daß zahlreiche Enzyme in einem Gewebeaufschluß nebeneinander vorliegen. Einzelne Enzyme zeichnen sich darin durch ihre katalytische Wirkung aus, die wiederum nur durch einen für das einzelne Enzym spezifischen Test überprüft werden kann. In einem solchen Test wird die *Aktivität des Enzyms* bestimmt, indem man die Geschwindigkeit der von diesem katalysierten Reaktion mißt. Die Aktivität wird in **Enzymeinheiten** (U, units) angegeben. Eine Enzymeinheit ist diejenige Menge, welche die Umsetzung von einem Mikromol Substrat in einer Minute unter optimalen Bedingungen (pH-Wert, Temperatur, Coenzyme, Aktivatoren, Ionenstärke, Substratkonzentration) katalysiert. Wenn man die Aktivität des Enzyms auf das vorhandene Proteingemisch bezieht, erhält man die **spezifische Aktivität**, die Anzahl der Enzymeinheiten pro Milligramm Protein.
Sobald man ein Enzym in reiner, kristalliner Form isoliert hat, ist es möglich, die **molekulare Aktivität** (früher Wechselzahl, *turnover number)* zu bestimmen. Diese molekulare Aktivität gibt an, wie viele Substratäquivalente pro Enzymmolekül in 1 min umgesetzt werden. Sollten in dem Enzym dann noch mehrere aktive Zentren vorhanden sein, so kann man das Enzym durch die Angabe der **Aktivität pro katalytischem Zentrum** noch weiter charakterisieren.
Eine andere, sehr wichtige Größe zur Unterscheidung von Enzymen ist die Michaelis-Konstante. Ihre Besprechung soll im Zusammenhang mit der Beeinflussung der Enzymreaktion durch die Substratkonzentration im Kapitel 8.1 durchgeführt werden.

* Versuch Nr. 25: Bestimmung der Aktivität (Enzymeinheit) eines Enzyms am Beispiel der Urease

Prinzip

Der Verbrauch von Substraten, die Bildung von Produkten können bei vielen Enzymreaktionen auf dem Hin- wie auch auf dem Rückweg photometrisch verfolgt werden.

Nach dem Lambert-Beerschen Gesetz gilt für die Extinktion

$$E = c \cdot d \cdot \varepsilon \quad (1)$$

E = Extinktion der Lösung,
c = Konzentration der Lösung,
d = Schichtdicke der Küvette (cm),
ε = molarer Extinktionskoeffizient ($l \cdot Mol^{-1} \cdot cm^{-1}$).

Da d und ε konstante Größen in einem Versuch sind, folgt daraus eine Proportionalität zwischen Extinktionsänderung dE und Konzentrationsänderung dc in Abhängigkeit von der Zeit dt

$$\frac{dE}{dt} = k \cdot \frac{dc}{dt}. \quad (2)$$

Die Konzentration c ist andererseits gegeben durch die Menge der umgesetzten Substanz u pro Volumen V des Tests

$$c = \frac{u}{V}. \quad (3)$$

Aus (1) und (3) ergibt sich durch Einsetzen

$$u = \frac{E \cdot V}{\varepsilon \cdot d}. \quad (4)$$

Die Enzymaktivität pro ml ist gegeben durch den Quotienten aus der Umsatzrate U ($Mol \cdot min^{-1}$) und dem eingesetzten Enzymvolumen v

$$\text{Enzymaktivität/ml} = \frac{U}{v}. \quad (5)$$

Durch Einsetzen kann man diesen Ausdruck umformen in

$$\text{Enzymaktivität/ml} = \frac{u}{t \cdot v}. \quad (6)$$

Daraus folgt für die zu berechnende Enzymeinheit U

$$\text{U/ml} = \frac{\varepsilon \cdot d \cdot t \cdot v}{E \cdot V}. \quad (7)$$

Aufgabe

a) Informieren Sie sich über Aufbau, Funktion und Bedienung eines Photometers!
b) Durchdenken Sie die Zusammenhänge im Lambert-Beerschen Gesetz (s. Kapitel 10.6)!

Material

a) Harnstoff, 0,05-molar in Phosphat-Puffer
b) Phosphat-Puffer, pH 6,0 (s. Kapitel 10.5)
c) Urease-Lösung, 10 $mg \cdot ml^{-1}$ im Phosphatpuffer
d) Lösung I (106 mM Phenol, 0,17 mM Natriumnitroprussid)
e) Lösung II (11 mM Natriumhypochlorit, 125 mM NaOH)

f) Quecksilberchlorid-Lösung, 1%
g) Reagenzgläser
h) Wasserbad oder Thermoschrank, 37 °C
i) Photometer, 520 nm
j) Küvetten, *d* = 1 cm
k) Pipetten, 1 ml, 2 ml, 5 ml
l) Stoppuhr
m) Rührstab, Saugpapier

Versuchsdurchführung

Die Enzymlösung ist während der gesamten Versuchsdauer im Eisbad aufzubewahren.
Folgende Ansätze sind zunächst ohne Zugabe der Enzymlösung zu pipettieren (Angaben in ml):

Ansatz-Nr.	Zeit min	0,05-M Harnstoff in 0,05-M Phosphat-Puffer	Phosphat-Puffer pH 6,0	Lösung I	Lösung II	Urease-Lösung
1	10	1,5	0,5	4,0	4,0	–
2	10	1,5	0,4	4,0	4,0	0,1
3	10	1,5	0,3	4,0	4,0	0,2
4	10	1,5	0,2	4,0	4,0	0,3
5	10	1,5	–	4,0	4,0	0,5
6	20	1,5	0,5	4,0	4,0	–
7	20	1,5	0,4	4,0	4,0	0,1
8	20	1,5	0,3	4,0	4,0	0,2
9	20	1,5	0,2	4,0	4,0	0,3
10	20	1,5	–	4,0	4,0	0,5
11	30	1,5	0,5	4,0	4,0	–
12	30	1,5	0,4	4,0	4,0	0,1
13	30	1,5	0,3	4,0	4,0	0,2
14	30	1,5	0,2	4,0	4,0	0,3
15	30	1,5	–	4,0	4,0	0,5

Die Reaktionsansätze werden ohne Enzym zunächst 3 min bei 37 °C vorinkubiert. Die Reaktionen der einzelnen Ansätze werden durch Zugabe der Enzymmengen in ½ minütigem Abstand gestartet, wobei das Gemisch homogen gestaltet werden sollte. Nach der angegebenen Zeit wird die Reaktion durch Zugabe eines Tropfens $HgCl_2$-Lösung pro Reagenzglas gestoppt. Nun muß eine weitere Inkubationszeit von 30 min bei 37 °C dazwischengeschaltet werden, bevor einige Milliliter der Proben entnommen und in die Küvetten gefüllt werden. Die Extinktion der Proben ist im Photometer bei 520 nm Wellenlänge gegen den jeweiligen Leerwert (Ansätze 1, 6, 11) zu bestimmen.

Ergebnisse

Die Extinktionswerte gleicher Enzymkonzentration, gegen die Zeit aufgetragen, ergeben vier Geraden unterschiedlicher Steigung. Die bei 30minütiger Reaktionsdauer erhaltenen Extinktionswerte liegen, gegen die eingesetzten Enzymmengen (Konzentration beachten!) aufgetragen, auf einer Geraden, ebenso trifft dies auch für die anderen Reaktionszeiten zu. Aus der graphischen Darstellung der Extinktion gegen die eingesetzte Enzymkonzentration bei 30minütiger Reaktionszeit ist der genaueste Extinktionswert herauszulesen und für die Berechnung der Enzymeinheit in die Gleichung (7) einzusetzen. Bei 520 nm Wellenlänge beträgt der molare Extinktionskoeffizient des aus NH_4^+ entstandenen Indophenolblaus $4{,}42 \cdot 10^{-3} \cdot \text{Mol}^{-1} \cdot \text{cm}^{-1}$. Da die Enzymeinheit U als der Substratumsatz definiert ist, muß dieser Wert bei Einsetzung in die obige Formel verdoppelt werden ($\varepsilon = 8{,}84 \cdot 10^{-3} \cdot \text{Mol}^{-1} \cdot \text{cm}^{-1}$); denn aus 1 Mol Harnstoff entstehen durch die Urease-Reaktion 2 Mole NH_4^+.

* Versuch Nr. 26: Ermittlung der spezifischen Aktivität eines Enzyms über die Proteinbestimmung in einem Extrakt

Prinzip

Mit Hilfe einer bekannten Proteinlösung (hier Rinderalbumin in Wasser) wird zunächst über die Extinktionsmessung eine Eichkurve erstellt. Vergleicht man dann die Extinktionswerte des Extraktes mit den gefundenen Werten, so kann man unter Berücksichtigung der Verdünnung den Proteingehalt des Extraktes bestimmen. Die spezifische Aktivität ist dann unter Heranziehung der Ergebnisse der Versuche in Kapitel 8.1 und 8.2 (Substrat- und Enzymkonzentration) zu errechnen.

Material

a) Lowry Reagenz A
   0,5-N NaOH mit 10% Na_2CO_3; 0,1% Kaliumtartrat; 0,05% $CuSO_4 \cdot 5\,H_2O$
b) Lowry Reagenz B
   Folin – Ciocalteu – Phenolreagenz
   unmittelbar vor Gebrauch 1:16 verdünnen
c) Rinderserum-Albumin, 20 mg/100 ml H_2O
d) Zu untersuchender Enzym-Extrakt
e) Reagenzgläser
f) Photometer, 750 nm Wellenlänge (s. Kapitel 10.6)
g) Küvetten, d = 1 cm, Saugpapier, Rührstab

h) Pipetten, 1 ml, 5 ml
i) Wasserbad, 50 °C

Versuchsdurchführung

Das Rinderalbumin ist in Wasser zu lösen, indem man es bis zur Durchnässung erst mit wenig Wasser überschichtet und dann den Rest Wasser hinzugibt.
Vom zu untersuchenden Extrakt müssen Verdünnungen (1 : 10, 1 : 100, 1 : 500) angesetzt werden, um in den Empfindlichkeitsbereich der Lowry-Methode zu gelangen. Folgende Ansätze (in ml) werden in Reagenzgläsern hergestellt:

	1	2	3	4	5	6	7	8	9	10
Albumin-Lösung	–	0,1	0,2	0,4	0,6	0,8	1,0	–	–	–
Extrakt (verd.)	–	–	–	–	–	–	–	1,0	1,0	1,0
Aqua dest.	1,0	0,9	0,8	0,6	0,4	0,2	–	–	–	–
Lowry A	1,0	1,0	1,0	1,0	1,0	1,0	1,0	1,0	1,0	1,0

Ansätze gut durchmischen und 10 min stehen lassen, dann Reagenz B zugeben:

Lowry B	4,0	4,0	4,0	4,0	4,0	4,0	4,0	4,0	4,0	4,0

Lowry Reagenz B muß sofort gut eingemischt werden. Dabei sollten die Reagenzgläser möglichst nicht mit dem Finger verschlossen geschüttelt werden!
Die Ansätze werden 6 min bei 50 °C im Wasserbad aufbewahrt und anschließend in kaltem Wasser abgekühlt.
Den Ansätzen werden dann Proben entnommen, und die Extinktion der Proben wird bei 750 nm Wellenlänge im Photometer gegen die Leerprobe (Ansatz 1) gemessen.

Ergebnisse

Mit Hilfe der Ansätze 1–7 kann die Eichkurve erstellt werden, an der dann der Proteingehalt des Extraktes durch Vergleich der Extinktionen unter Berücksichtigung der Verdünnungen bestimmt werden kann. Für weitergehende Berechnungen braucht man die Ergebnisse aus den Versuchen, in denen mit demselben Extrakt optimale Substratkonzentration und Enzymmenge im Hinblick auf die Reaktionsgeschwindigkeit ermittelt worden sind.

Aufgabe

Wie kann man den Erfolg aller Isolierungsmaßnahmen für ein zu untersuchendes Enzym abschätzen?
Überlegen Sie sich die Berechnung der spezifischen Aktivität eines Enzyms; falls möglich, führen Sie sie an einem Enzymextrakt durch!

Versuch Nr. 27: Bestimmung der molekularen Aktivität eines Enzyms am Beispiel der Katalase

Prinzip

Eine bestimmte Menge Enzym (hier Katalase) mit einem definierten Molekulargewicht setzt in einer bestimmten Zeit das jeweilige Substrat um. Da die Substratkonzentration zur Zeit t direkt nicht bestimmbar ist, muß im Falle der Katalase-Reaktion die gebildete Produktmenge als Meßparameter dienen. Durch Umrechnung sind dann Rückschlüsse möglich.

Wird Leberextrakt in diesem Versuch verwendet, so muß man sich darüber im klaren sein, daß man nur das Prinzip des Versuches zeigen kann. Es ist vorher auszuprobieren, wie stark die Verdünnung des Extraktes sein muß, da Katalase im Lebergewebe hochkonzentriert vorliegt und die Reaktion dann unkontrollierbar schnell verlaufen könnte.

Material

a) Katalase, reinst
b) H_2O_2-Lösung, 10%
c) Apparatur s. Versuch Nr. 15 (Kapitel 4)
d) Stoppuhr

Versuchsdurchführung

Die in Versuch Nr. 15 beschriebene Apparatur muß aufgebaut und betriebsbereit gemacht werden.

Der Kolben wird mit 100 ml 10%iger H_2O_2-Lösung gefüllt. Man wägt in dem Schnappdeckelglas 10 mg Katalase ab, mischt mit 3 ml Aqua dest. und stellt es vorsichtig mit Hilfe einer Pinzette auf den Boden des Kolbens.

Sobald das Gläschen umgekippt ist, muß die Stoppuhr betätigt werden. Hat sich ein ausreichendes Volumen Sauerstoff gebildet und abgeschieden, so ist der Wasserstand im Meßkolben zu registrieren und die Zeit zu stoppen. Der Versuch kann durch Öffnen des Hahns 2 abgebrochen werden.

Ergebnisse

Durch den Versuch sind folgende Größen zur Bestimmung der molekularen Aktivität der Katalase gegeben:

1. die beteiligte Menge Enzym mit einem Molekulargewicht von 250000 u
2. das freigesetzte Volumen Sauerstoff
3. die dafür benötigte Zeit

4. die der Reaktion zugrunde liegende Gleichung

$$2\,H_2O_2 \xrightarrow{E} O_2 + 2\,H_2O$$

Für die Beantwortung der Frage, wie viele Moleküle Wasserstoffperoxid von einem Molekül Katalase in 1 min zersetzt worden sind, muß man schrittweise folgende Teilfragen lösen:

1. Wieviel Liter Sauerstoff wären von 1 Mol (= 250000 g) Katalase in der Zeit t freigesetzt worden?
2. Wieviel Liter Sauerstoff wären demnach in 1 min von 1 Mol Katalase freigesetzt worden?
3. Wieviel Mole Sauerstoff wären das?
4. Wieviel Mole H_2O_2 müßten dafür zerlegt werden?

Aufgabe

a) Überlegen Sie, warum man hier nur mit reiner Katalase zu einem Ergebnis kommt!
b) Falls Sie den Versuch nicht durchführen können, berechnen Sie die molekulare Aktivität der Katalase aufgrund des folgenden Versuchsergebnisses:
   10 mg Katalase (reinst) scheiden in 20 sec 550 ml Sauerstoff ab!
c) Warum ist für die Acetylcholinesterase in den Nervensynapsen die hohe molekulare Aktivität von $19 \cdot 10^6$ Molekülen pro Minute biologisch notwendig?
d) Welche Bedeutung haben die molekularen Aktivitäten der Enzyme für ihr Zusammenwirken in Kettenreaktionen?

7.2 Die Spezifität der Enzyme

Das Herausselektionieren von absolut spezifischen Katalysatoren war Voraussetzung und Folge der Evolution der Organismen. Das gesteigerte Nebeneinander verschiedenster Reaktionen im Zellstoffwechsel kann nur durch Ausbildung von Spezifitäten bezüglich der Wirkung (s. Kapitel 5), des Substrats und der Regulation (s. Kapitel 8) beherrscht werden.
Der Grundmechanismus der Enzymkatalyse beruht auf der Bildung eines Enzym-Substrat-Komplexes durch Bindung des Substrats in der Umgebung des aktiven Zentrums des Enzyms (s. Kapitel 3, 4, 8.1). Sekundär- und Tertiärstruktur des Proteins sorgen für eine Oberfläche, die eine Verbindung mit dem Substrat an drei oder mehr Punkten ermöglicht. Das Substrat wird durch die Bindungspunkte «ausgesucht» und so gerichtet, daß die Aminosäuren im aktiven

Zentrum, eventuell mit Coenzymen, die Katalyse entsprechend der Wirkungsspezifität durchführen können. Das Trägerprotein bestimmt demnach im allgemeinen die Wahl des Reaktionspartners, besitzt **Substratspezifität.**
Zu unterscheiden ist eine **absolute Substratspezifität** von relativer und **sterischer** Spezifität. Die Urease, die nur Harnstoff zersetzt, ihre Arbeit sofort einstellt, sobald Wasserstoffatome substituiert werden, ist ein Beispiel für absolute Spezifität. Dehydrogenasen, Esterasen und Peptidasen setzen Gruppen von Substraten (strukturverwandte oder strukturanaloge Verbindungen) um, sind also nur auf eine bestimmte Gruppierung innerhalb des Moleküls spezialisiert, wobei die umliegenden Molekülbestandteile mehr oder weniger bedeutungslos sind.
Unterschiedlich ist die Spezifität von Enzymen bei bimolekularen Reaktionen. So ist z.B. die Alkohol-Dehydrogenase streng spezifisch im Hinblick auf NAD^+ als Substrat, weniger spezifisch im Hinblick auf die umzusetzenden Alkohole.
Verbindungen, die ein *asymmetrisches C-Atom* enthalten, sind optisch aktiv. Der Organismus kann oft nur eine der optischen Konfigurationen biologisch verwerten (L-Aminosäuren in Proteinen z.B.); er muß daher bestrebt sein, die optische Reinheit der Naturstoffe zu erhalten. Hierin ist die stereochemische Spezifität einiger Enzyme begründet.
Strukturanaloge und Stereoisomere können sich häufig doch am Enzymmolekül (aktives Zentrum) anlagern, manchmal sogar intensiver als das eigentliche Substrat. Hieraus resultiert dann eine Inhibition der Reaktion (s. Kapitel 8).

Aufgabe

In welcher Form entfalten Pepsin, Trypsin und Chymotrypsin innerhalb der gruppenspezifischen Hydrolasen doch eine strenge Substratspezifität?

Versuch Nr. 28: Absolute Substratspezifität der Urease

Material

a) 5% Harnstofflösung
b) 5% Thioharnstofflösung
c) 1% Urease-Aufschwemmung
d) Phenolphthalein- oder Bromthymolblau-Lösung
e) Reagenzgläser
f) pH-Meter
g) Pipetten
h) Tropfpipetten

Versuchsdurchführung

Zu 10 ml 5% Harnstofflösung werden 3 Tropfen Phenolphthalein-Lösung (oder Bromthymolblau-Lösung) gegeben und mit 8 Tropfen der Urease-Aufschwemmung versetzt. Blindprobe nicht vergessen! In einem 2. Ansatz soll anstelle der Harnstofflösung 10 ml 5% Thioharnstoff-Lösung hinzugegeben werden. Auftretende Farbänderungen der Lösungen sind zu notieren.
Statt der Beobachtung des Farbumschlages kann auch die pH-Veränderung mit Hilfe eines pH-Meters registriert werden.

Ergebnisse

Die Urease spaltet nur den Harnstoff (1); über eine sekundäre Reaktion (2) erfolgt eine Veränderung des pH-Wertes und damit der Farbumschlag der Indikatoren.

$$O{=}C\begin{matrix}\diagup NH_2\\ \diagdown NH_2\end{matrix} + H_2O \xrightarrow{\text{Urease}} 2\,NH_3 + CO_2 \qquad (1)$$

$$2\,NH_3 + CO_2 + H_2O \longrightarrow (NH_4)_2CO_3 \qquad (2)$$

$$(NH_4)_2CO_3 \longrightarrow 2\,NH_4^+ + CO_3^{2-}$$

Aufgabe

Informieren Sie sich über die Farbreaktion verschiedener Indikatoren bei wechselndem pH-Wert (s. Kapitel 10.4).
Welcher Grund könnte gegen eine Bindung des Thioharnstoffs in dem aktiven Zentrum der Urease sprechen, wenn man an die räumliche Anordnung des aktiven Zentrums denkt? (Thioharnstoff: $S{=}C\begin{matrix}\diagup NH_2\\ \diagdown NH_2\end{matrix}$).

Versuch Nr. 29: Demonstration einer stereochemischen Substratspezifität am Beispiel der Glucose-Oxidase

Material

a) Glucose-Oxidase-Trockenpulver (Boehringer, GOD)
b) 2,3,5-Triphenyltetrazoliumchlorid (Serva, TTC), 2% wäßrige Lösung
c) 5-Methylphenazinium-methylsulfat (Serva, PMS)
d) Phosphat-Puffer, pH 7,8 (s. 10.5)
e) 4% D-Glucose-Lösung
f) 4% L-Glucose-Lösung
g–i) 4% D-Galactase-Lösung, 4% D-Mannose-Lösung, 4% D-Maltose-Lösung
j) Wärmeschrank, 37 °C
k) Reagenzgläser
l) Pipetten (1 ml)

Versuchsdurchführung

1 ml der TTC-Lösung und 1,5 ml der Lösung von 5 mg GOD und 1 mg PMS in 30 ml Phosphatpuffer werden gemischt. Zu diesem Gemisch werden jeweils 0,5 ml der Zuckerlösungen gegeben. Die Reagenzgläser werden bei 37 °C 20 min im Wärmeschrank aufbewahrt. Eine Reaktion wird durch Farbumschlag angezeigt. Das unlösliche Formazan kann in Toluol ausgeschüttelt werden; die Farbintensität kann im Photometer bei 420 nm (Blaufilter) bestimmt werden.

Ergebnisse

Nur D-Glucose kann als Substrat umgesetzt werden, denn nur sie wird durch Wasserstoffabspaltung oxidiert. Die reduzierte Glucoseoxidase (FAD als Coenzym) überträgt den Wasserstoff in diesem System auf das PMS in oxidierter Form. Dieses reduziert schließlich das farblose Tetrazoliumsalz zum gefärbten Formazan.

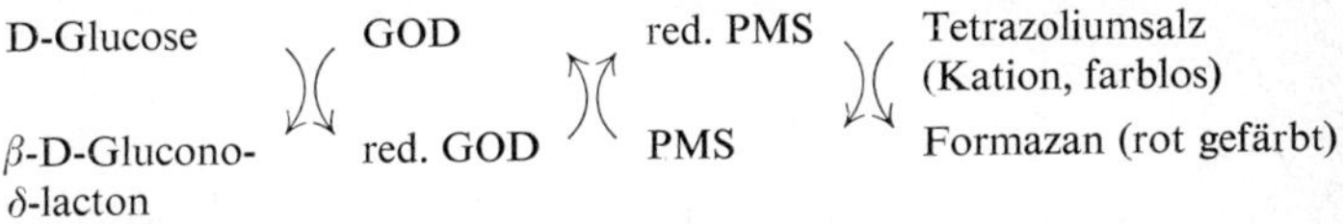

Anmerkung

Die Teststreifen für den Zuckernachweis im Harn basieren auf ähnlichen Reaktionsabläufen. Sie können für den Nachweis von D-Glucose innerhalb verschiedener Zucker herangezogen werden (Enzyme in der analytischen Chemie, s. Kapitel 9).

Aufgabe

Informieren Sie sich über den molekularen Aufbau der in diesem Versuch verwendeten Zucker und über die optische Aktivität organischer Moleküle!
Wie verläuft der Glucoseabbau im Organismus?

7.3 Abhängigkeiten für Reaktionen der Enzyme

7.3.1 Abhängigkeit von der Temperatur

Jede chemische Reaktion wird in ihrer Geschwindigkeit durch eine Erhöhung der Temperatur gesteigert. Als Faustregel für die Temperaturabhängigkeit der Reaktionsgeschwindigkeit kann die RGT-Regel (Reaktionsgeschwindigkeit-Temperatur-Regel) nach *van't Hoff* dienen: Durch eine Temperatursteigerung von 10 °C wird die Geschwindigkeit einer Reaktion etwa verdoppelt. Die RGT-Regel gilt auch für enzymatische Reaktionen in einem bestimmten Temperaturbereich.

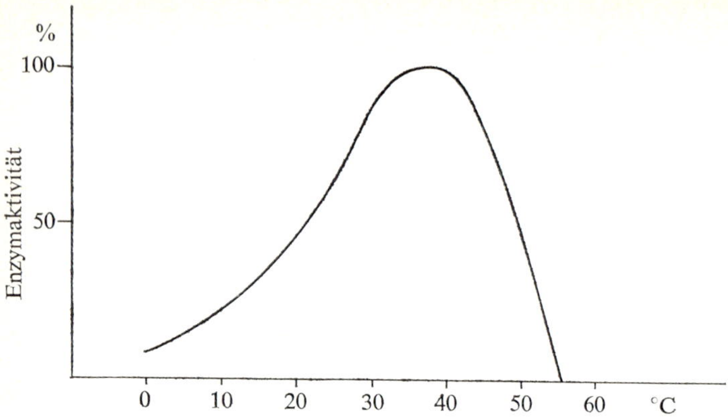

Abb. 27. **Abhängigkeit der Enzymaktivität von der Temperatur**

Das Optimum der Enzymaktivität liegt meist bei 30–40 °C. Bei Erhöhung der Temperatur über dieses Optimum verlieren die Enzyme ihre Aktivität infolge Hitzedenatuierung ihres Eiweißanteiles (Auflösung der Tertiärstruktur) sehr schnell.
Nur bei wenigen Lebewesen sind die Enzyme hitzebeständiger, so kommen z. B. bei den in heißen Quellen lebenden *B. stearothermophilus* drei Aminopeptidasen vor, von denen eine ein Temperaturoptimum von 90 °C hat (*Hofmann* 1970, S. 53).
Temperaturen unterhalb der allgemeinen Temperatur des Wirkungsoptimums werden dagegen bei sinkender Aktivität gut überstanden; z. B. verlieren die Enzyme mancher Bakterien auch nach Verweilen in flüssiger Luft nicht ihre spezifischen Merkmale (*Troll* 1973, S. 423).
Die Auswirkung der Temperatur auf den Wirkmechanismus einer Enzymreaktion ist sehr komplex und im einzelnen noch nicht bekannt: Aktives Zentrum und Gesamtstruktur des Enzyms können ebenso betroffen sein wie das Substratmolekül und seine Affinität zum Enzymmolekül.

Versuch Nr. 30: Der Einfluß der Temperatur auf die Wirkung von Katalase der Hefe

Prinzip

Katalase zerlegt H_2O_2 in H_2O und O_2.

Material

a) Hefeaufschwemmung
b) 3 % ige H_2O_2-Lösung
c) Eis
d) 10 Katalaser
e) 10 Bechergläser
f) Thermometer

Versuchsdurchführung

Man stellt in 10 Bechergläsern eine Wassertemperaturreihe von 0°, 10°, 20°, ... 90 °C her (die Temperaturen sind mit einem Thermometer zu kontrollieren!). 10 Katalaser werden mit jeweils 5 ml Hefeaufschwemmung beschickt und in dem Wasserbad auf die gewünschte Temperatur vorgewärmt. Als Katalaser dienen kalibrierte Reagenzgläser, die mit einem Stopfen und einem darin befindlichen Glasrohr zu verschließen sind. Nach Füllen des Glases wird schnell der Stopfen aufgesetzt und der Katalaser gedreht. Die austretende Flüssigkeit wird aufgefangen (s. Abb. 28).

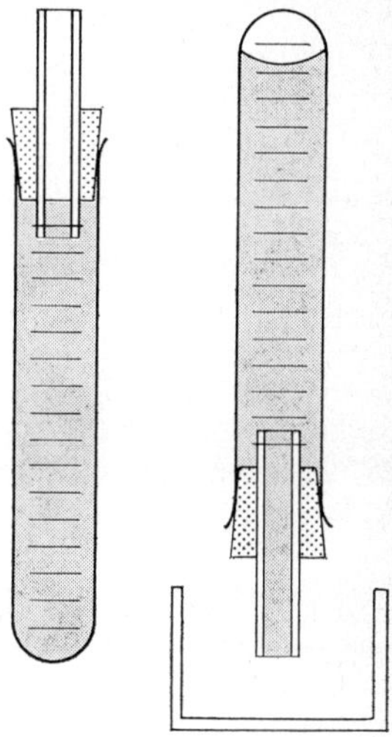

Abb. 28. **Katalaser**

In die Wasserbäder 0–60 °C stellt man weiterhin je ein Reagenzglas, das mit 3 % iger Wasserstoffperoxidlösung gefüllt ist. Nach etwa 10 min haben Hefeaufschwemmung und Wasserstoffperoxidlösung die Temperatur des Wasserbades angenommen. Man gießt nun die Wasserstoffperoxidlösung zu der Hefeaufschwemmung gleicher Temperatur, verschließt den Katalaser mit dem Stopfen, dreht um und stellt ihn in das Wasserbad zurück.

Vorsicht! Temperaturen über 60 °C läßt man nur auf die Hefeaufschwemmung wirken. Nach dem Erhitzen wartet man einige Minuten und gießt die abgekühlte Aufschwemmung zu dem Wasserstoffperoxid. Es besteht sonst die Gefahr des spontanen Zerfalls des Wasserstoffperoxids.

Aufgabe

Die Gasmengen in den Katalasern sind abzulesen, in ein Diagramm gegen die Temperatur einzutragen und mit der Abb. 27 zu vergleichen.
Das Gas ist mit einem glimmenden Holzspan zu identifizieren!

Versuch Nr. 31: Der Einfluß der Temperatur auf die Wirkung von Katalase aus Lebergewebe

Prinzip

Katalase zerlegt H_2O_2 in H_2O und O_2.

Material

a) Etwa 50 g frische Rinderleber
b) 3 %ige H_2O_2-Lösung
c) Eis
d) Quarzsand
e) 10 Katalaser
f) 10 Bechergläser
g) Thermometer
h) Mörser

Versuchsdurchführung

Man stellt in den 10 Bechergläsern mit Wasser und Eis Wasserbäder in der Temperaturreihe von 0 bis 90 °C her (Temperaturen mit dem Thermometer kontrollieren!).
Die Leber wird im Mörser mit etwas Quarzsand fein zerrieben. In den Katalaser (s. Vorversuch) bringt man jeweils eine Spatelspitze zerriebene Leber, gibt 5 ml destilliertes Wasser dazu und schüttelt. Die Katalaser stellt man in die Wasserbäder mit der gewünschten Temperatur. Zu jedem Katalaser stellt man ein Reagenzglas mit 3 %iger Wasserstoffperoxidlösung. Nach Erreichen der Temperatur gießt man die Lösungen zusammen und verfährt weiter, wie in Versuch 30 beschrieben. **Vorsichtsmaßnahmen** beachten!

Aufgabe

Für die einzelnen Temperaturen sind die Gasmengen gegen die Temperatur aufzutragen. Das Diagramm ist mit den Diagrammen aus Versuch 30 und Abb. 27 zu vergleichen. Erläutern Sie die Bedeutung der Wasserstoffperoxidzerlegung im Stoffwechsel von Tier und Pflanze!

Versuch Nr. 32 a und b: Der Einfluß der Temperatur auf die Zerlegung der Stärke durch Amylase

Prinzip

Amylase ist ein stärkeabbauendes Enzym. Das Polysaccharid Stärke wird dabei über Dextrine und Oligosaccharide mit 6–8 Glucoseeinheiten bis zum Disaccharid Maltose zerlegt.
Die enzymatische Stärkespaltung läßt sich nachweisen:

a) anhand der Abnahme der Stärkekonzentration mit Hilfe der Jodprobe
b) anhand der zunehmenden Konzentration der Spaltprodukte mit Hilfe der Fehlingschen Probe

a) Versuche zum Nachweis der abnehmenden Stärkekonzentration

Material

a) 1 g lösliche Stärke
b) 2%ige Sodalösung
c) Verdünnter Mundspeichel
d) Lugolsche Lösung
e) 10 Reagenzgläser
f) 10 Bechergläser
g) Glasstäbe
h) Porzellanplatte (oder Glasscheibe mit untergelegtem weißem Papier)
i) Destilliertes Wasser
j) Wasserbäder
k) Uhr

Versuchsdurchführung

Zur Herstellung der Stärkelösung läßt man 1 g lösliche Stärke in 100 ml Wasser kurz aufkochen und abkühlen.
Die Mundspeichellösung wird nach *Aebi* (1965, S. 334) gewonnen, indem man die Mundhöhle 1–2 min lang mit ca. 10 ml destilliertem Wasser spült, anschließend durch ein wenig Watte filtriert und das Filtrat mit der doppelten Menge destilliertem Wasser verdünnt.

10 Reagenzgläser werden mit je 2 ml verdünntem Mundspeichel, 3 ml Stärkelösung und 2–3 Tropfen Sodalösung (Puffer) gefüllt. Die Reagenzgläser werden in vorbereitete Wasserbäder in der Temperaturreihe 0°, 10°, ... 90°C gestellt. Das Einstellen in das Wasserbad wird als Versuchsbeginn notiert. Das Fortschreiten der Stärkespaltung verfolgt man mit der Tüpfelprobe: Im Abstand von 2 bis 3 min entnimmt man mit einem Glasstab einen Tropfen der Versuchslösung und verrührt ihn auf einer Porzellanplatte (oder Glasplatte mit untergelegtem weißem Papier) mit einem Tropfen Lugolscher Lösung. Die Färbung des Reaktionsgemisches ist zu notieren. Als Versuchsende nimmt man den Zeitpunkt, an dem nach Verrühren der Versuchslösung mit der Lugolschen Lösung die braune Farbe des Jods erhalten bleibt.
Zur Vereinfachung und schnelleren Durchführung des Versuches empfiehlt es sich, vor Versuchsbeginn auf der Arbeitsplatte eine entsprechende Anzahl von Tropfen Lugolscher Lösung aufzusetzen.

Aufgabe

Die Beziehungen zwischen Zeit, Temperatur und Stärkeabbau sind graphisch darzustellen und mit den Graphen aus den Versuchen 30 und 31 zu vergleichen.
Nach Beendigung der Versuche führe man sofort aus die:

b) Versuche zum Nachweis reduzierender Zucker aus der Stärke-Mundspeichel-Reaktion

Material

a) Stärke-Puffer-Enzym-Gemisch aus Versuch 32a
b) Fehlingsche Lösungen I und II
c) Reagenzgläser

Versuchsdurchführung

Je 1 ml der Gemische aus den Vorversuchen wird mit je 2 ml der beiden Teile Fehling-Lösung in ein Reagenzglas gefüllt. Das Gemisch wird über der Bunsenbrennerflamme unter Schütteln 2 min gekocht (vermeiden Sie Siedeverzug!).
Grün-, Gelb- oder Ziegelrotfärbung der erhitzten Gemische zeigen die Anwesenheit von reduzierenden Zuckern an.
Die Zucker gehen in der alkalischen Lösung beim Kochen in stark reduzierend wirkende Spaltprodukte, sog. Reduktone, über, die mit den komplex gebundenen Cu(II)-Ionen reagieren. Dabei werden die Reduktone oxidiert, die Cu(II)-Ionen zu Cu(I)-Ionen reduziert und als Cu_2O oder CuOH ausgefällt.

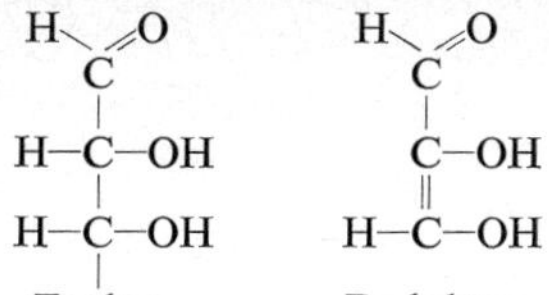

Zucker Redukton

Die Proben läßt man einige Zeit stehen. Aus der Menge des Niederschlages läßt sich ungefähr auf die Menge der in der Lösung vorhanden gewesenen Zucker schließen.

Aufgabe

In welchen Proben haben sich reduzierende Zucker gebildet? Welcher Zusammenhang besteht zwischen Zuckerbildung, Enzym und Temperatur?
Wie können Sie die Ergebnisse dieses Versuches mit Hilfe der Beobachtungen aus dem Vorversuch 32a interpretieren?

* Versuch Nr. 33: Kinetik und Temperaturabhängigkeit der Amylase-Reaktion

Prinzip

Stärke wird durch Jodkaliumjodid-Lösung blau gefärbt. Setzt man einer Stärkelösung Amylase zu, so wird die Stärke abgebaut (s. Versuche 13 und 42).
Bei Wahl geeigneter Konzentrationen von Stärke, Enzym und Temperatur kann die Abnahme der Blaufärbung im Photometer verfolgt werden.

Material

a) 1%ige Stärkelösung
b) 0,5%ige Diastaselösung oder amylasehaltiger Extrakt aus Versuch Nr. 18
c) Jodkaliumjodid-Lösung (JkJ) (s. 10.4)
d) 18 Reagenzgläser
e) Eisbad
f) Regulierbare Wasserbäder 30–80 °C
g) Thermometer
h) Photometer
i) Meßpipetten
j) Uhr
k) Kalium-Phosphatpuffer pH 5,2 (s. 10.5)

Versuchsdurchführung

9 Reagenzgläser werden mit je 6 ml Puffer vom pH-Wert 5,2 und 3 ml Stärkelösung gefüllt. Jeweils ein Reagenzglas wird etwa 5 min auf folgende Temperaturen eingestellt:

0 °C (Eisbad)
ca. 14 °C (fließendes Leitungswasser)
ca. 20 °C (Zimmertemperatur)
30 °C
40 °C
⋮
80 °C

Gleichzeitig werden 9 Reagenzgläser mit jeweils 4 ml des amylasehaltigen Extraktes oder der Diastaselösung auf die angegebenen Werte temperiert. Die Temperaturen sind mit Thermometern zu kontrollieren. Nach Erreichen der Temperaturen werden der Stärkelösung jeweils 3 ml amylasehaltiger Extrakt oder Diastase zugegeben und gut durchmischt.
Es werden sofort und danach in Abständen von je 3 min (Uhr!) aus jedem Ansatz 1,6 ml entnommen und in eine Vorlage mit 0,4 ml JkJ gegeben. Die Extinktion der blauen Lösungen wird bei 580 nm gemessen (falls das Photometer nicht auf eine distinkte Wellenlänge einzustellen ist, arbeite man mit Rotfilter 560–620 nm). Blindwert: Man ersetze in der Vorlage die Stärkelösung durch destilliertes Wasser.

Aufgabe

Für eine geeignete Zeit ist der Stärkeumsatz als Funktion der Temperatur darzustellen. Das Temperaturoptimum der Reaktion ist aus den Graphen zu ermitteln.

7.3.2 Abhängigkeit vom pH-Wert

Die meisten Enzyme können ihre spezifische Wirkung nur in einem bestimmten pH-Bereich entfalten. Die günstigste Wasserstoffionenkonzentration bezeichnet man als pH-Optimum.
Der Einfluß des pH-Wertes auf die Aktivität eines Enzyms hat mehrere Gründe:

1. Das Enzymprotein erfährt wegen seiner dissoziierbaren Gruppen an den pH-Extremen irreversible Veränderungen.
2. pH-Änderungen führen zu einer Ionisierung von dissoziierbaren Gruppen in unmittelbarer Nähe des aktiven Zentrums des Enzyms

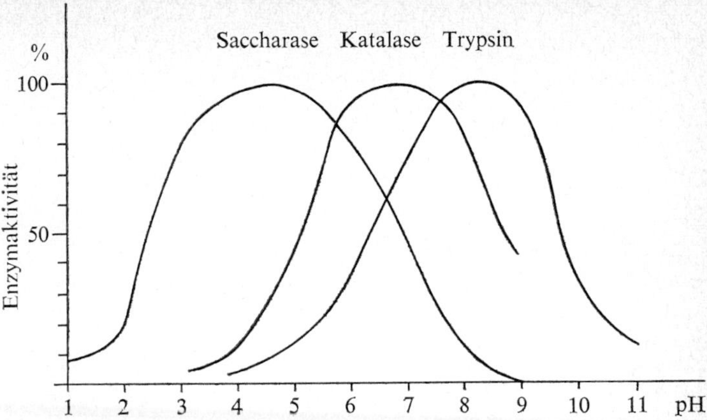

Abb. 29. **Abhängigkeit der Enzymaktivität vom pH-Wert**

und damit zu Veränderungen in der Bindungsfähigkeit des Enzyms zum Substrat.

3. Die Dissoziation des Substrats verändert sich so, daß das Enzym nicht mehr einwirken kann.
4. Veränderungen in der verfügbaren Aktivatoren-Konzentration (Kationen, Anionen) können mit der Änderung des pH-Wertes einhergehen.

Versuch Nr. 34: pH-Optimum der Amylase

Prinzip

Amylase baut unter bestimmten Bedingungen (s. Versuch Nr. 13) Stärke zu Maltose ab. Der Abbau ist vom pH-Wert des Reaktionsgemisches abhängig.

Material

a) 1% ige Stärkelösung (s. Versuch Nr. 32a)
b) Amylasehaltiger Extrakt aus Versuch 18 oder 1% ige Diastaselösung
c) Lugolsche Lösung
d) Phosphat-Puffer pH 5,0 bis 8,2 (s. 10.5)
e) 9 Reagenzgläser
f) Meßpipetten
g) Porzellanplatte oder Glasscheibe mit untergelegtem weißem Papier
h) pH-Meter oder Spezialindikatorpapiere
i) Uhr

Versuchsdurchführung

Um die Stärkespaltung bei einem festen pH-Wert vorzunehmen, ist es unbedingt notwendig, die Reaktion in einer gepufferten Lösung ablaufen zu lassen. Für die Stärkespaltung durch Amylase sind Phosphat-Puffer gut geeignet.

Neun Reagenzgläser werden beschickt mit je:

4,0 ml Pufferlösung (pH-Werte 5,0; 5,4; 5,8; 6,2; 6,6; 7,0; 7,4; 7,8; 8,2),

2,0 ml 1%iger Stärkelösung,

2,0 ml amylasehaltigem Extrakt oder 1%iger Diastaselösung.

Die Ansätze werden durch Schütteln gut durchgemischt und nach Kontrolle des pH-Wertes bei Zimmertemperatur gehalten. Der Versuchsbeginn wird notiert. Nach 5, 10, 15 min usw. entnimmt man mit einem Glasstab einen Tropfen der Versuchslösung und verrührt ihn auf einer Porzellanplatte (oder Glasscheibe mit untergelegtem weißem Papier) mit einem Tropfen Lugolscher Lösung. Die Färbung des Reaktionsgemisches wird notiert. Als Versuchsende nimmt man den Zeitpunkt, an dem nach Verrühren der Versuchs- und Lugolschen Lösung die braune Farbe des Jods erhalten bleibt.

Aufgaben

Die Beziehungen zwischen pH-Wert, Zeit und Stärkespaltung sind graphisch darzustellen.

Wo liegt das pH-Optimum dieser Reaktion?

* Versuch Nr. 35: Photometrische Beobachtung der pH-Abhängigkeit der Amylase-Reaktion

Prinzip: s. Versuch Nr. 34.

Material: s. Versuch Nr. 34 und Photometer (s. 10.6).

Versuchsdurchführung

Man stelle, wie im Versuch Nr. 34 beschrieben, in 9 Reagenzgläsern Versuchsansätze bei verschiedenen pH-Werten her. Die Ansätze werden gut gemischt und bei Zimmertemperatur gehalten. Der Versuchsbeginn ist zu notieren. Im Abstand von 5 min werden aus jedem Ansatz 1,6 ml Lösung entnommen und in eine Vorlage mit 0,4 ml Lugolscher Lösung pipettiert, wodurch die Substratspaltung gestoppt wird. Die Intensität der Blaufärbung wird im Photometer bei 580 nm gemessen (evtl. Rotfilter entsprechend Hinweis zu Versuch Nr. 33 verwenden).

Blindwert: Man ersetze in der Vorlage die Stärkelösung durch destilliertes Wasser.

Aufgabe

Die gefundenen Werte sind graphisch so darzustellen, daß aus den Graphen das pH-Optimum der Amylase-Reaktion abzulesen ist.
Die Ergebnisse sind mit den Werten aus Versuch Nr. 34 zu vergleichen.
Das gefundene pH-Optimum ist in Beziehung zu setzen mit der Stärkeverdauung im menschlichen Körper!

Versuch Nr. 36: Nachweis der Pepsinwirkung und Ermittlung des pH-Optimums von Pepsin

Prinzip

Pepsin ist das wichtigste eiweißspaltende Enzym des Magens. In den Belegzellen der Magenschleimhaut wird zunächst eine Vorstufe, das Pepsinogen, gebildet, das bei saurer Reaktion oder bei Einwirkung von Pepsin in das aktive Enzym übergeht. Das Pepsin geht mit seinem Substrat eine kurzzeitige Bindung ein (s. Versuch Nr. 38).

Material

a) Ein hartgekochtes Ei oder Muskelfasern aus gekochtem Rindfleisch
b) 1%ige Pepsinlösung
c) 0,1-N HCl
d) 0,1-N NaOH
e) Destilliertes Wasser
f) 9 Reagenzgläser
g) Wasserbad
h) Meßpipetten
i) Bechergläser
j) Mixer

Versuchsdurchführung

Das hartgekochte Eiklar («Eiweiß») oder die Fasern des gekochten Rindfleisches werden im Mixer zerkleinert und mit 100 ml dest. Wasser suspendiert.
In 6 Reagenzgläsern werden Ansätze nach Tabelle 3 gemacht. Die Reagenzgläser werden in ein Wasserbad von 37 °C gestellt und über 30 min beobachtet.

Tabelle 3

Reagenzien (ml)	Ansatz Nr. 1	2	3	4	5	6
Pepsinlösung (frisch)	–	2	2	–	2	–
Pepsinlösung (abgekocht)	–	–	–	2	–	–
0,1-N HCl	2	–	2	2	–	–
0,1-N NaOH	–	–	–	–	2	2
Dest. Wasser	2	2	–	–	–	2
Eiweißsuspension	2	2	2	2	2	2

Zur *Ermittlung des pH-Optimums* werden in 3 Reagenzgläsern 3 Ansätze mit verschiedener Salzsäurekonzentration (= verschiedenem pH-Wert) nach Tabelle 4 hergestellt. Die Reagenzgläser werden in ein Wasserbad von 37 °C gestellt und über 30 min beobachtet.

Tabelle 4

Reagenzien (ml)	Ansatz Nr. 1	2	3
Pepsinlösung (frisch)	2	2	2
0,1-N HCl	4	2	0,2
Dest. Wasser	–	2	3,8
Eiweißsuspension	2	2	2
pH-Wert	1,2	1,5	2,5

Aufgabe

Vergleichen Sie die Ergebnisse der Versuchsreihen in Beziehung zu dem von Ihnen gefundenen pH-Optimum des Pepsins!

Versuch Nr. 37: Einwirkung des Pepsins auf Fibrin

Prinzip

Bei Verwendung von Fibrinflocken, die mit Kongorot gefärbt sind, läßt sich die Pepsinwirkung (s. Versuch Nr. 36) anhand der zunehmenden Verfärbung des Mediums durch den in Lösung gehenden Farbstoff gut verfolgen.

Material

Wie Versuch Nr. 36
und Fibrin, mit Kongorot gefärbt (Kongorot-Fibrin).

Versuchsdurchführung

Zur Herstellung des Kongorot-Fibrins rühre man ca. 500 ml frisches Tierblut (Schlachthof) etwa 5 min an der Luft, bis aus dem Blutplasma

das Fibrin in Fasern und Flocken ausfällt. Das Fibrin wird unter fließendem Wasser so lange gespült und so lange gewässert, bis es rein weiß ist. Das rohe Fibrin wird fein zerkleinert und das überschüssige Wasser abgepreßt. Ein Teil der Fasern wird für den Versuch Nr. 38 aufbewahrt, der Rest gefärbt. Zur Färbung dient ein Gemisch aus 0,5%iger wäßriger Kongorotlösung und 96%igem Äthanol im Verhältnis 9:1, das durch Ammoniak schwach alkalisch gemacht wird. Die Lösung wird mit dem Färbegut einige Minuten auf ca. 80 °C erwärmt, durch ein feines Sieb gegossen und mit kaltem Wasser gut gewaschen. Die Fasern können an der Luft getrocknet werden oder auch naß für den Versuch benutzt werden.
Nach Tabelle 3 aus Versuch 36 werden – unter Fortlassen der Eiweißsuspension – 6 Ansätze hergestellt, mit einigen Körnchen Kongorot-Fibrin versetzt und in ein Wasserbad von 37 °C gestellt. Die Ansätze werden etwa 30 min beobachtet, die Veränderungen der Ansätze protokolliert.

Anmerkung

Kongorot ist ein Indikatorfarbstoff mit folgender Zuordnung von pH-Wert und Farbe:

pH < 3	blau
pH 3 bis pH 5,2	violett
pH $> 5{,}2$	rot

Kongorot lagert sich bei der Anfärbung des Fibrins in die faserigen Proteinmoleküle ein und kann erst freigesetzt werden, wenn das Fibrin zerstört wird. In alkalischer Lösung kann sich der Farbstoff allerdings vom Fibrin ablösen, ohne daß die Fibrinmoleküle zerstört sind.

Versuch Nr. 38: Nachweis der adsorptiven Bindung des Pepsins an das Fibrinsubstrat

Prinzip

Pepsin geht mit seinem Substrat eine kurzzeitige Bindung ein.

Material

a) Fibrinflocken aus Versuch Nr. 37
b) Pepsinlösung (ca. 0,5 %)
c) 0,1-N HCl
d) Kongorot-Fibrin
e) Filter

f) Watte
g) Reagenzgläser

Versuchsdurchführung

5 g der frisch gewonnenen Fibrinflocken werden in einem Reagenzglas oder Erlenmeyerkolben mit 0,5 ml 0,1-N HCl suspendiert. Es werden 5 ml Pepsinlösung zugegeben. Der Ansatz wird gut geschüttelt und *sofort* durch ein wenig Watte filtriert. Mit Filtrat und Filterrückstand werden 2 Ansätze gemäß Tabelle 5 gemacht. Ansatz 3 der Tabelle dient als Kontrolle. Die Ansätze werden im Wasserbad bei 37 °C etwa 30 min beobachtet.

Tabelle 5

Reagenzien (ml)	Ansatz Nr. 1	2	3
Filtrat	4	–	–
Filterrückstand	–	+	–
0,1-N HCl	–	4	2
Pepsinlösung (0,5 %)	–	–	2
Kongorot-Fibrin	+	+	+

+ = einige Körnchen

Ergebnis

Im Ansatz 1 zeigt sich keine Auflösung des Kongorot-Fibrins. Im Ansatz 2 und in der Kontrolle zu 3 findet Auflösung des Fibrins statt.
Erklärung: Das Pepsin ist von dem im Überschuß vorliegenden Substrat gebunden worden (Affinität zwischen Substrat und Enzym).

Aufgabe

Erläutern Sie die Eiweißverdauung im menschlichen Körper mit Hilfe der Ergebnisse aus den Versuchen Nr. 36 bis 38.
Wie wirkt sich ein Mangel von Magen-Salzsäure auf den weiteren Verdauungsvorgang aus?

7.3.3 Abhängigkeit vom Ionenmilieu

Im Zellsaft sind ständig mehr oder weniger hohe Konzentrationen der verschiedensten Kationen und Anionen vorhanden. Ihr Einfluß auf das Stoffwechselgeschehen ist nicht immer leicht zu überschauen, da Verbindungen mit anderen Substanzen aufgrund einer hohen Dissoziationskonstanten sehr kurzlebig sein können.

Wenn man eine Mitwirkung von Ionen an Enzymreaktionen, nicht nur aufgrund des pH-Wertes, annimmt, so gilt es, verschiedene mögliche Wirkmechanismen für Ioneneinflußnahme zu unterscheiden:

1. Anionen könnten mit Gruppen im aktiven Zentrum ebenso reagieren wie Kationen und so die Katalyse beeinflussen (etwa in der Form einer prosthetischen Gruppe).
2. Für ein Ion besteht die Möglichkeit, Bindeglied zwischen Enzym und Substrat zu sein. Dabei gilt es zu unterscheiden, mit welchem Partner das Ion zunächst eine Bindung eingeht. Entweder gestaltet das Ion das aktive Zentrum um, so daß die Affinität des Enzyms zum Substrat sich verändert, oder es bindet das Substrat an sich und gibt ihm so die Möglichkeit, sich an das aktive Zentrum anzulagern.
3. Ein Ion könnte einen der Reaktionspartner mittels eines schwerlöslichen Komplexes an sich knüpfen und ihn so aus dem Reaktionsgleichgewicht entfernen.

Die kurze Diskussion soll die Problematik dieses Bereiches innerhalb der Enzymologie mit den damit verbundenen Schwierigkeiten der Erforschung aufzeigen. Mit schulischen Mitteln können diese Fragen natürlich nicht weiter verfolgt werden; hier muß man sich bei der praktischen Handhabung auf die Feststellung einer veränderten Umsatzrate eines Enzyms in Abhängigkeit vom Ionenmilieu beschränken. Das bedeutet aber nicht, daß auch alle theoretischen Überlegungen und Gedankenspiele im Hinblick auf die Untersuchung von Reaktionsmechanismen an diesem Punkt enden sollten.

Aufgabe

Stellen Sie eine Liste der Ionen und der von ihnen beeinflußten Enzymsysteme aus Angaben der Literatur zusammen. Welche Ionenform überwiegt? Deutet dies auf eine Bevorzugung eines der oben diskutierten Reaktionsmechanismen hin?[1]

Versuch Nr. 39: Aktivierung des Labferments durch Ca^{2+}-Ionen

Prinzip

Die für die Enzymreaktion notwendigen Calciumionen werden durch Komplexbildung dem System entzogen. Die Reversibilität der Reaktion wird aufgezeigt.

---

[1] s. *A. Betz,* Enzyme, Verlag Chemie, Weinheim 1974, Kapitel 3.4, mit weiteren Literaturangaben.

Material

a) Frische Kuhmilch
b) Labpulver
c) Ammoniumoxalat, $(NH_4)_2(COO)_2$, gesättigte Lösung
d) Calciumchlorid-Lösung, $CaCl_2$
e) Reagenzgläser
f) Wasserbad, 37 °C

Versuchsdurchführung

Zwei Reagenzgläser werden mit je 5 ml frischer Kuhmilch gefüllt. In eine Probe (A) gibt man 1 ml destilliertes Wasser, in die andere Probe (B) 1 ml der gesättigten Ammoniumoxalatlösung. Nach Zufügen einer Lösung von Labenzym (gleiche Mengen) wird jeder Ansatz gut durchmischt und in ein Wasserbad von 37 °C gestellt.

Ergebnisse

In Probe (A) gerinnt die Milch nach wenigen Minuten (Ausfällen des Paracasein-Calciums). Probe (B) zeigt diese Gerinnung nicht, da die Ca^{2+}-Ionen durch die Oxalationen gemäß der Reaktionsgleichung

$$Ca^{2+} + \begin{array}{c} COO^- \\ | \\ COO^- \end{array} \rightarrow \begin{array}{c} COO \\ | \\ COO \end{array}\!\!\!\!\begin{array}{c}\diagdown \\ \quad Ca \\ \diagup\end{array}$$

als schwerlösliches Calciumoxalat ausgefällt worden sind. Setzt man der Probe (B) einen Überschuß an Calciumchlorid-Lösung zu, so fällt auch hier das wasserunlösliche Paracasein-Calcium aus.

Aufgabe

Diskutieren Sie eine Einordnung des Wirkmechanismus! Wie könnte man den Versuch quantitativ auswertbar gestalten?

Versuch Nr. 40: Phenol-Oxidase-Aktivierung durch Cu^{2+}-Ionen

Prinzip

Die notwendigen Cu^{2+}-Ionen werden durch Komplexbildung der Reaktion entzogen. Die Reaktion kann durch Farbumschlag und Entwicklung eines Unterdrucks aufgrund des Sauerstoffentzugs auch in Abhängigkeit von der Zeit beobachtet werden.

Material

a) Phenol-Oxidase aus Kartoffelsaft (s. Versuch Nr. 20)
b) p-Kresol
c) Octylalkohol

d) Kaliumcyanid, KCN, konzentrierte Lösung
Vorsicht, starkes Gift! Nicht mit dem Mund pipettieren!
e) Kupferphosphat-Lösung, $Cu_3(PO_4)_2$
f) Reagenzgläser, Gummistopfen
g) Wasserwanne
h) Fettstift

Versuchsdurchführung

Reagenzglas A wird mit Kartoffelsaft (10 ml), 3 Tropfen p-Kresol und 5 Tropfen Octylalkohol (verhindert übermäßige Schaumbildung) gefüllt, mit einem Gummistopfen dicht verschlossen und 5 min geschüttelt. Die auftretende Färbung ist zu beachten! Nun ist das Glas umzudrehen und abzuwarten, bis sich der Schaum etwas gesetzt hat. Mit dem Fettstift wird der Flüssigkeitsstand markiert. Der Stopfen wird dann unter Wasser entfernt. Beobachtung!
In Reagenzglas B gibt man zu 10 ml Kartoffelsaft 3 Tropfen der Kaliumcyanid-Lösung, mischt und wartet einige Minuten. Dann erst werden auch die oben aufgezählten Substanzen hinzugegeben und das Reagenzglas in derselben Weise weiter behandelt. Nach Abschluß der Beobachtungen kann diesem Reagenzglas ein Überschuß an Kupferphosphat-Lösung zugesetzt werden. Alternativ dazu kann auch gleich zu Beginn neben der Kaliumcyanid-Lösung Kupferphosphat-Lösung zugefügt werden.

Ergebnisse

Braunfärbung und Entwicklung eines Unterdrucks zeigen in A die enzymatische Reaktion an. Diese unterbleibt in B, da durch die Cyanid-Ionen Schwermetalle wie Cu^{2+} zu schwerlöslichen Komplexen gebunden und der Reaktion (sprich Enzym) entzogen werden. Dies kann durch einen Überschuß an Cu^{2+}-Ionen reversibel gestaltet werden.

Aufgabe

Formulieren Sie die Reaktion, welche die Phenol-Oxidase katalysiert (s. Kapitel 5).
Schneiden Sie einen Apfel auf und untersuchen Sie, ob auch dort die Enzymaktivität zu beeinflussen ist.

8 DIE KINETIK DER ENZYMREAKTIONEN

Enzymreaktionen folgen den Gesetzen der Reaktionskinetik, wenn man das Enzym als stöchiometrische Größe mit in den Reaktionsablauf aufnimmt. Um der Katalysatorfunktion gerecht zu werden. muß man einen Kreisprozeß formulieren:

$$E + S \rightarrow ES \rightarrow EP \rightarrow E + P \tag{1}$$

Das Enzym bildet mit dem Substrat einen kurzlebigen Komplex, der bald wieder in freies Enzym und Produkt zerfällt. Spektroskopische Untersuchungen ließen *Emil Fischer* sein **Schlüssel-Schloß-Prinzip** formulieren, das heute durch das «**Induced-fit**»**-Modell** *(Koshland)* erweitert worden ist, da das aktive Zentrum nicht starr ist, sondern sich flexibel dem Substrat anpassen kann (s. Kapitel 8.4).

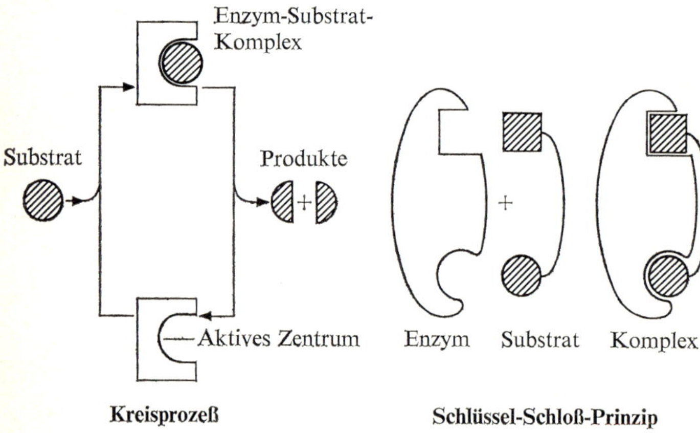

Abb. 30. **Kreisprozeß der Enzymreaktion**

Michaelis und *Menten* formulierten 1913 die Reaktionsgleichung:

$$E + S \underset{k_{-1}}{\overset{k_{+1}}{\rightleftarrows}} ES \underset{k_{-2}}{\overset{k_{+2}}{\rightleftarrows}} E + P\,. \tag{2}$$

Der Übergang zwischen dem Enzym-Substrat- und dem Enzym-Produkt-Komplex kann vernachlässigt werden. Aufbau und Abbaugeschwindigkeit des Enzym-Substrat-Komplexes sind im Fließgleichgewicht gleich, wobei zunächst vorausgesetzt wird, daß folgende Beziehung gilt: $k_2 \ll k_1$.

$$k_{+1} \cdot [E] \cdot [S] + k_{-2} \cdot [E] \cdot [P] = k_{-1} \cdot [ES] + k_{+2} \cdot [ES] \tag{3}$$

[E] = Konzentration an freiem Enzym
$[E_0]$ = Konzentration des gesamten Enzyms
[ES] = Konzentration des Enzym-Substrat-Komplexes
$[E_0]$ − [ES] = E = freies Enzym
[S] = Konzentration des Substrats
[P] = Konzentration des Produkts
$k_{+1}, k_{-1}, k_{+2}, k_{-2}$ = Geschwindigkeitskonstanten

Durch Umformung erhält man den Ausdruck:

$$[E] \cdot (k_{+1} \cdot [S] + k_{-2} \cdot [P]) = [ES] \cdot (k_{-1} + k_{+2}) \,. \tag{4}$$

Da zu Beginn der Reaktion die Konzentration des Produkts verschwindend klein ist, kann sie vernachlässigt werden:

$$[E] \cdot (k_{+1} \cdot [S]) = [ES] \cdot (k_{-1} + k_{+2}) \tag{5}$$

oder durch Umformung:

$$\frac{[E] \cdot [S]}{[ES]} = \frac{k_{-1} + k_{+2}}{k_{+1}} \,. \tag{6}$$

Durch Einsetzen erhält man

$$\frac{([E_0] - [ES]) \cdot [S]}{ES} = K_M \,, \tag{7}$$

wobei die **Michaelis-Konstante K_M** dem Quotienten aus $(k_{-1} + k_{+2})$ durch k_{+1} gleichzusetzen ist.
Zu Beginn der Reaktion (s.o.) entspricht K_M praktisch dem Quotienten aus k_{-1} durch k_{+1}, der Dissoziationskonstanten des Komplexes. Nach [ES] aufgelöst, ergibt sich die Gleichung:

$$[ES] = \frac{[E_0] \cdot [S]}{K_M + [S]} \,. \tag{8}$$

Die Zerfallsgeschwindigkeit des Enzym-Substrat-Komplexes ist

$$v = k_{+2} \cdot [ES] = k_{+2} \cdot \frac{[E_0] \cdot [S]}{K_M + [S]} \,. \tag{9}$$

Die Gesamtreaktion läuft mit maximaler Geschwindigkeit ab, wenn das Gesamtenzym in den Enzym-Substrat-Komplex eingegangen ist, d.h. wenn $[E_0] = [ES]$ gilt:

$$V_{max} = k_{+2} \cdot [E_0] = k_{+2} \cdot [ES] \; . \qquad (10)$$

Setzt man in die Gleichung (9) anstelle von $k_{+2} \cdot [E_0]$ die Größe V_{max} ein, so erhält man die **Michaelis-Menten-Gleichung:**

$$v = \frac{V_{max} \cdot [S]}{K_M + [S]} \; . \qquad (11)$$

Dies bedeutet in Worten, daß die Reaktionsgeschwindigkeit einer Enzymreaktion bei optimaler Enzymkonzentration von der Substratkonzentration abhängig ist (s. Steuerung durch die Substratkonzentration, Kapitel 8.1).
Die Michaelis-Menten-Gleichung entspricht in graphischer Darstellung einer *Hyperbel.*
Aus den Zusammenhängen der Gleichung (11) und aus der schematischen Darstellung der Funktion ergibt sich, daß die Michaelis-Konstante K_M gerade der Substratkonzentration entspricht, bei der die Reaktion mit halbmaximaler Geschwindigkeit abläuft. Der K_M-Wert ($Mol \cdot l^{-1}$) ist eine weitere charakteristische Größe für ein Enzym (s. Kapitel 7.1). Ein kleiner K_M-Wert bedeutet, daß ein Enzym bereits in Gegenwart geringer Substratkonzentrationen mit maximaler Geschwindigkeit arbeitet. In einem solchen Fall reagiert das Enzymsystem unter physiologischen Bedingungen stets so schnell wie möglich. Bei einem Enzym mit hohem K_M-Wert ist die Reaktionsgeschwindigkeit über weite Bereiche der Substratkonzentration variierbar.

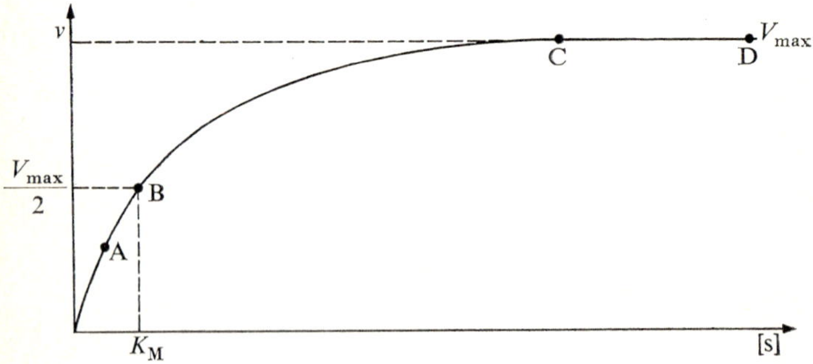

Abb. 31. **Michaelis-Menten-Diagramm**

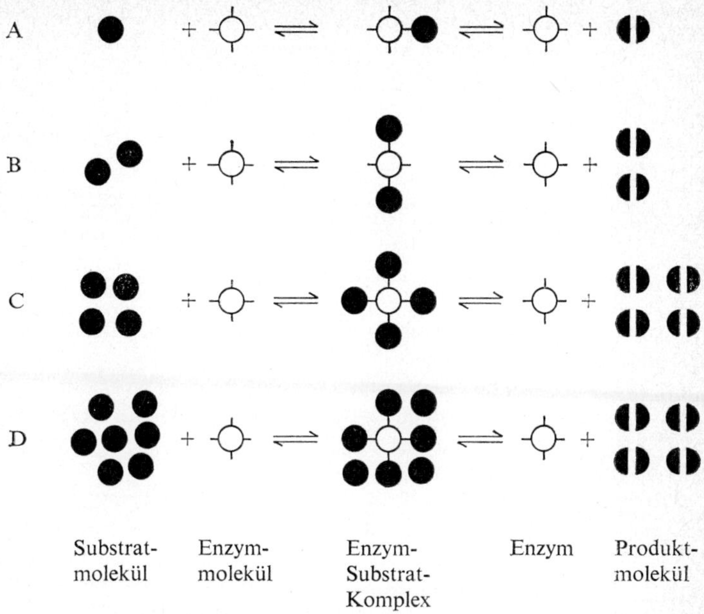

Abb. 32. **Schema zum Michaelis-Menten-Diagramm**

Da V_{max} und K_M an einer Hyperbel nur schwer ablesbar sind, haben *Lineweaver* und *Burk* eine andere Methode zur Bestimmung vorgeschlagen. Die *reziproken Werte von v und [S]*, gegeneinander aufgetragen, ergeben in graphischer Darstellung eine *Gerade*, deren Schnittpunkte mit den Achsen den gesuchten Werten entsprechen.

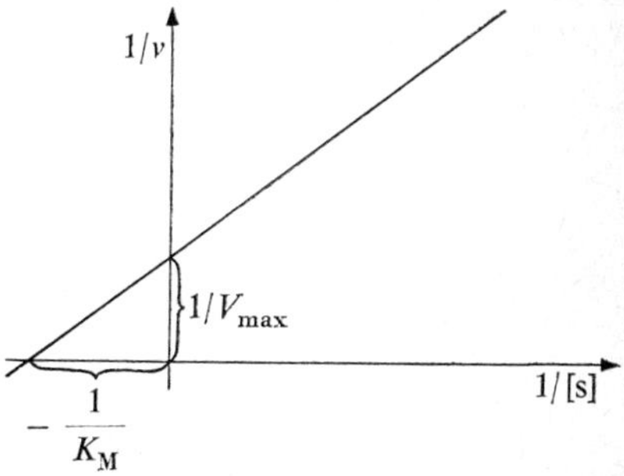

Abb. 33
Lineweaver-Burk-Diagramm

Die Richtigkeit des **Lineweaver-Burk-Diagramms** läßt sich durch Umformung der Michaelis-Menten-Gleichung beweisen:

$$\frac{1}{v} = \frac{K_M + [S]}{V_{max} \cdot [S]} = \frac{K_M}{V_{max}} \cdot \frac{1}{[S]} + \frac{1}{V_{max}} . \qquad (12)$$

Wird nun eingesetzt:

a) $1/v = 0$ $\qquad -\frac{1}{K_M} = \frac{1}{[S]}$ oder $K_M = -[S]$,

b) $1/[S] = 0$ $\qquad 1/v = 1/V_{max}$ oder $v = V_{max}$,

so kann man die Schnittpunkte mathematisch ableiten.
Neben den oben dargestellten Abhängigkeiten der Enzymreaktionen vom pH-Wert, von der Temperatur, vom Ionenmilieu (s. Kapitel 7.3) spielen in den Stoffwechselprozessen noch eine Reihe anderer Beeinflussungsmöglichkeiten eine herausragende Rolle. Die enge Wechselwirkung von Substrat und Enzym (s. Kapitel 4.3), meßbar in Umsatzgeschwindigkeiten, ist abhängig von Substanzen, die sich in diesen Komplex einmischen oder ihn zumindest von außen kontrollieren. Die Einflußnahmen können durch die Darstellung im Lineweaver-Burk-Diagramm oder auch im Geschwindigkeit-Substrat-Diagramm nach *Michaelis* und *Menten* identifiziert werden (s. Kapitel 8.3)

Aufgabe

a) Welche Auswirkungen haben die Änderung des pH-Wertes oder der Temperatur auf die Funktion der Reaktionsgeschwindigkeit in Abhängigkeit von der Substratkonzentration? In welcher Größe schlägt sich die Änderung nieder?
b) Welchen K_M-Wert werden Enzymsysteme haben, die an Schaltstellen des Stoffwechsels wirken?

8.1 Der Einfluß der Substratkonzentration

Wie man aus der schematischen Darstellung der Michaelis-Kinetik sehen kann, verläuft die Reaktion des Enzyms mit dem Substrat mit zunehmender Zeit in Form einer Sättigungsfunktion. Die Reaktionsgeschwindigkeit, unter konstanten Bedingungen (pH-Wert, Temperatur, Cofaktoren, Enzymkonzentration), nimmt bis zu einer gewissen Substratkonzentration zu; darüber hinaus kann die Maximalgeschwindigkeit durch noch höhere Substratkonzentrationen nicht mehr gesteigert werden.

* Versuch Nr. 41: Kinetik der Alkohol-Dehydrogenase (ADH)

Prinzip

Die Alkohol-Dehydrogenase oxidiert mit Hilfe des Coenzyms NAD^+ Alkohol zum Aldehyd. Die Reaktion kann aufgrund der charakteristischen Absorptionskurven des $NAD^+/NADH + H^+$-Systems photometrisch verfolgt werden.

Material

a) Alkohol-Dehydrogenase-Präparat (200 μg Enzym · ml^{-1})
b) NAD^+-Lösung, 50-mM
c) Äthylalkohol, $CH_3 \cdot CH_2OH$, 500-mM in Aqua bidest.
d) Natriumpyrophosphat-Puffer, 0,1-M, pH 8,7 (s. Kapitel 10.5)
e) Photometer, 340 nm Wellenlänge (s. Kapitel 10.6)
f) Küvetten, d = 1 cm
g) Aqua bidest.
h) Reagenzgläser
i) Kleiner Rührstab, Saugpapier zum Trocknen der Küvetten
j) Pipetten, 0,5 ml, 1 ml, 2 ml
k) Stoppuhr

Versuchsdurchführung

In einer ersten Versuchsreihe soll eine Umsatz-Zeit-Abhängigkeit für verschiedene Substratkonzentrationen ermittelt werden. Dafür werden pro Ansatz 0,15 ml NAD^+, 1 ml Natriumpyrophosphat-Puffer, 0,1 ml Äthylalkohol (500-mM, 50-mM (1:10), 5-mM (1:100)) und 1,7 ml Aqua bidest. in die Küvette gegeben. Startpunkt, auch für die Absorptionsmessung im Photometer, ist die Enzymzugabe, 0,15 ml ADH pro Ansatz. Nach schnellem Durchmischen soll sofort mit der Messung in Zeitabständen von 5 sec über 1 min, danach alle 30 sec bis zur 10. Minute begonnen werden.
Zur Ermittlung der Reaktionsgeschwindigkeit in Abhängigkeit von der Substratkonzentration sollen folgende Ansätze (in ml) erstellt werden:

	1	2	3	4
NAD^+-Lösung	0,1	0,1	0,1	0,1
Natriumpyrophosphat-Puffer	1,0	1,0	1,0	1,0
500-mM CH_3CH_2OH	0,1	–	–	–
50-mM CH_3CH_2OH	–	0,2	–	–
5-mM CH_3CH_2OH	–	–	0,5	0,3
Aqua bidest.	1,7	1,6	1,3	1,5

Der Start der Reaktion erfolgt mit der Zugabe von

Enzym-Lösung	0,1	0,1	0,1	0,1

Nachdem schnell gemischt worden ist, kann die Messung im Photometer durchgeführt werden.

Ergebnisse

Für die Gesamtauswertung des Versuches gilt, daß die Bildung des NADH + H^+ zum Verbrauch des Alkohols im Verhältnis 1 : 1 steht. Aus dem Umsatz-Zeit-Diagramm liest man heraus, daß die Extinktionsänderung (= Reaktionsgeschwindigkeit) in Abhängigkeit von der Zeit bei verschiedenen Substratkonzentrationen einen unterschiedlichen Verlauf nimmt.
Aus der Michaelis-Menten-Graphik oder besser noch aus dem Lineweaver-Burk-Diagramm können die Michaelis-Konstante der Alkohol-Dehydrogenase und die maximale Reaktionsgeschwindigkeit abgelesen werden.

Aufgabe

Vergleichen Sie Ihren K_M-Wert mit dem der Literatur und überdenken Sie mögliche Fehlerquellen!

* Versuch Nr. 42: Kinetik der α-Amylase

Prinzip

Vgl. die Reaktion des Enzyms in Kapitel 5 und 6.
Die Extinktionsänderung der gefärbten Lösung kann im Photometer bei 580 nm verfolgt werden. Bei fortschreitender Spaltung der Stärke gibt es immer weniger Spiralen, in die sich Jodatome einlagern können. Die Blaufärbung schlägt zuletzt um in eine Gelbfärbung (Jod).

Material

a) Stärke-Lösung, 1 g/1 l H_2O
b) Aqua dest.
c) Kaliumphosphat-Puffer, pH 5,3 (s. Kapitel 10.5)
d) Amylase-Extrakt (Herstellung s. Kapitel 6)
e) Jodkaliumjodid-Lösung (JKJ, s. Kapitel 10.4)
f) Photometer, 580 nm Wellenlänge (s. Kapitel 10.6)
g) Küvetten, d = 1 cm
h) Kleiner Rührstab, Saugpapier zum Säubern der Küvetten
i) Reagenzgläser
j) Pipetten, 0,5 ml, 1 ml, 2 ml, 5 ml
k) Stoppuhr

Versuchsdurchführung

Folgende Ansätze in ml sind herzustellen:

	1	2	3	4	5	6	7	8
Puffer, pH 5,3	4,0	4,0	4,0	4,0	4,0	4,0	4,0	4,0
H_2O	1,9	1,8	1,7	1,5	1,3	1,0	0,5	–
Stärke-Lösung	0,1	0,2	0,3	0,5	0,7	1,0	1,5	2,0
Amylase-Extrakt	2,0	2,0	2,0	2,0	2,0	2,0	2,0	2,0

Die Extraktzugabe ist gleichbedeutend mit dem Start. Es muß vorher gründlich gemischt werden. Nach 2, 5 und 10 min werden jeweils 1,6 ml Proben zu einer Vorlage von 0,4 ml JKJ-Lösung in eine Küvette pipettiert. Die Extinktion wird bei 580 nm im Photometer bestimmt. Die Nullprobe, in der anstelle der Stärke-Lösung 2 ml Wasser enthalten sein sollen, wird als Ausgangswert für die Extinktionsänderung mitgemessen.

Aufgabe

a) Die Reaktionsgeschwindigkeit (Änderung der Extinktion · min^{-1} gleich mg Stärkeabbau · min^{-1}) ist für die Zeitintervalle von 2–3 min und 6–7 min zu berechnen.
b) Das Michaelis-Menten-Diagramm der Reaktion ist zu erstellen.
c) K_M ist aus dem Lineweaver-Burk-Diagramm zu bestimmen!

* Versuch Nr. 43: Kinetik der L-Glutamat-Dehydrogenase

Prinzip

Dieser optische Test basiert auf der Absorptionsmessung der NADH + H^+-Produktion. Das Gleichgewicht der Reaktion liegt zwar sehr weit auf seiten von Glutamat und NAD^+, aber die eingesetzten hohen Substratkonzentrationen ermöglichen den zu messenden Reaktionsablauf.

Material

a) Na-L-Glutamat-Lösung, 0,2-M
b) NAD^+-Lösung, 20 mg · ml^{-1}
c) Glutamat-Dehydrogenase, 60 μg · ml^{-1}
d) Kaliumphosphat-Puffer; pH 7,6 (s. Kapitel 10.5)
e) Photometer, 340 nm Wellenlänge (s. Kapitel 10.6)
f) Küvetten, $d = 1$ cm
g) Kleiner Rührstab, Saugpapier
h) Reagenzgläser
i) Pipetten, 0,1 ml, 1 ml, 2 ml
j) Stoppuhr

Versuchsdurchführung

Folgende Ansätze (in ml) sind herzustellen:

	1	2	3	4	5	6
Phosphat-Puffer	1,3	1,3	1,3	1,3	1,3	1,3
Aqua dest.	1,45	1,42	1,35	1,0	1,35	0,75
NAD^+-Lösung	0,1	0,1	0,1	0,1	0,1	0,1
Glutamat-Lösung						
M = 0,02 (1 : 10)	0,05	0,075	0,15	0,5	–	–
M = 0,2	–	–	–	–	0,15	0,75
Enzym-Lösung	0,1	0,1	0,1	0,1	0,1	0,1

Vor und nach Enzymzugabe sind die Ansätze gut zu durchmischen. Enzymzugabe startet die Reaktion. Die Extinktionen der Ansätze sollen alle 30 sec 4 min lang gemessen werden.

Aufgabe

a) Die Reaktionsgeschwindigkeit zwischen 1. und 2. Minute ist zu bestimmen (Extinktionsänderung · min^{-1})!
b) Die Geschwindigkeit ist gegen die Substratkonzentration im Michaelis-Menten-Diagramm aufzutragen!
c) K_M und V_{max} für Glutamat-Dehydrogenase sind aus dem Lineweaver-Burk-Diagramm abzulesen!

* Versuch Nr. 44: Kinetik der Phosphorylase a

Prinzip

Die Extinktion der JKJ-Färbung nimmt im Verlauf der Reaktion ab, da die Stärke-Spiralen aufgelöst werden.

Material

a) Phosphorylase-Extrakt (Herstellung s. Kapitel 6)
b) Kaliumphosphat-Puffer, pH 6,0 (s. Kapitel 10.5)
c) Dextrin, 10 mg/100 ml H_2O gelöst
d) Stärke-Lösung, 1 g · l^{-1}
e) Aqua dest.
f) Photometer, 580 nm Wellenlänge (s. Kapitel 10.6)
g) Küvetten, d = 1 cm
h) Kleiner Rührstab, Saugpapier zum Säubern der Küvetten
i) Jodkaliumjodid-Lösung (JKJ, s. Kapitel 10.4)
j) Reagenzgläser, Pipetten
k) Stoppuhr

Versuchsdurchführung

Folgende Ansätze (in ml) sind herzustellen:

	1	2	3	4	5	6	7	8	9
Phosphat-Puffer	3,5	3,5	3,5	3,5	3,5	3,5	3,5	3,5	3,5
Dextrin-Lösung	0,5	0,5	0,5	0,5	0,5	0,5	0,5	0,5	0,5
Aqua dest.	2,0	1,9	1,8	1,7	1,5	1,3	1,0	0,5	–
Stärke-Lösung	–	0,1	0,2	0,3	0,5	0,7	1,0	1,5	2,0
Phosphorylase-Extrakt	2,0	2,0	2,0	2,0	2,0	2,0	2,0	2,0	2,0

Vor und nach Enzymzugabe ist jeder Ansatz gründlich zu mischen. Enzymzugabe entspricht dem Start der Reaktion. Nach 2, 5 und 10 min werden jeweils 1,6 ml Proben aus jedem Ansatz entnommen und in eine Vorlage mit 0,4 ml JKJ-Lösung in einer Küvette pipettiert. Die Extinktion der Proben ist gegen die Nullprobe zu bestimmen.

Aufgabe

a) Die Reaktionsgeschwindigkeit (Änderung der Extinktion · min^{-1}) ist für die Zeitintervalle 2. bis 5. Minute und 5. bis 10. Minute zu berechnen!
b) Das Michaelis-Menten-Diagramm ist zu erstellen!
c) K_M ist aus dem Lineweaver-Burk-Diagramm zu bestimmen!
d) Warum ist die Testmethode, die bei der Amylase- bzw. Phosphorylase-Kinetik verwendet wird, weniger gut zu beurteilen als die, die z.B. bei der ADH-Kinetik Verwendung fand?

Versuch Nr. 45: Kinetik der Urease

Prinzip

Durch die Einwirkung von Urease auf den Harnstoff entstehen Ionen, die man durch Messung des Stromflusses oder Registrierung der pH-Wertverschiebung aufzeigen kann (s. Versuch Nr. 28).

Material

a) Harnstoff-Lösung
b) Urease-Lösung, 20 mg/10 ml H_2O
c) Ampere-Meter
d) Weithalsflasche
e) Elektroden
f) Netzgerät
(c–f) oder c) pH-Meter
g) Wasserbad, 35 °C
h) Reagenzgläser
i) Stoppuhr

Versuchsdurchführung

Es sollen Ansätze mit folgenden Harnstoff-Konzentrationen (je 20 ml) bereitet werden: 0,1% ; 0,3 % ; 0,6 % ; 0,8 % ; 1%. Zu den Ansätzen wird zur Zeit t_0 jeweils 1 ml Enzymlösung gegeben, wodurch die Reaktion gestartet wird. Das Reaktionsgefäß soll im Wasserbad auf einer Temperatur von 35 °C gehalten werden.

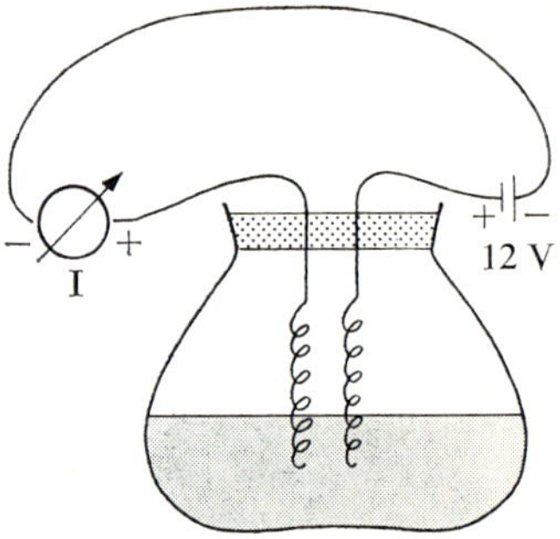

Abb. 34.
Apparatur für die Stromflußmessung

Die Stromstärke ist alle 20 sec 5 min lang zu registrieren.
Der Reaktionsverlauf kann auch durch Messung des pH-Wertes im gleichen Rhythmus verfolgt werden.

Aufgabe

a) Ein Umsatz (= Stromstärke)/Zeit-Diagramm ist für die verschiedenen Harnstoff-Konzentrationen zu erstellen!
b) Die Reaktionsgeschwindigkeit (= Stromflußänderung) zwischen 2. und 3. Minute ist gegen die Substratkonzentration aufzutragen!
c) Das Lineweaver-Burk-Diagramm ist zu erstellen!

Versuch Nr. 46: Kinetik der Katalase

Prinzip

Bei der Zersetzung von H_2O_2 entsteht molekularer Sauerstoff, der aufgefangen werden kann (s. Versuch Nr. 27).

Material

a) Katalase aus Blätterextrakt (s. Kapitel 6)
b) H_2O_2-Lösung, 30 %
c) Aqua dest.
d) Graduierte Reagenzgläser
e) Dünn durchbohrte Stopfen
f) Wasserbad, 25 °C

Versuchsdurchführung

5 g frische Blätter werden mit 50 ml Wasser und etwas Flußsand zerrieben. Der Extrakt ist durch Glaswolle zu filtrieren. In graduierten Reagenzgläsern sind folgende Ansätze zu erstellen (in ml):

	1	2	3	4
Aqua dest.	19,8	19,6	19,4	19,0
H_2O_2-Lösung	0,2	0,4	0,6	1,0
Pflanzensaft	4,0	4,0	4,0	4,0

Die Reagenzgläser werden mit Wasser aufgefüllt und mit einem dünn durchbohrten Stopfen versehen. Sodann sind sie umgekehrt in ein Wasserbad zu stellen. Nach 10 min wird das entstandene Volumen Sauerstoff registriert.

Aufgabe

Das gebildete Sauerstoffvolumen ist gegen die eingesetzte H_2O_2-Konzentration aufzutragen!

8.2 Der Einfluß der Enzymkonzentration

Aus der Graphik und der schematischen Darstellung (Abb. 31 und Abb. 32) zur Michaelis-Menten-Kinetik kann man entnehmen, daß die Reaktionsgeschwindigkeit, also der Abbau eines Substrates oder der Aufbau eines Produktes in der Zeit, auch von der Menge des zur Verfügung stehenden Enzyms, von der Enzymkonzentration im System abhängt. Je mehr freies Enzym vorhanden ist, desto wahrscheinlicher ist es für ein Substratmolekül, in einer Lösung ein Enzymmolekül mit unbesetztem aktivem Zentrum anzutreffen. Die konstante Anzahl Substratmoleküle kann sich auf eine größere Anzahl Enzymmoleküle bei Erhöhung der Enzymkonzentration verteilen; bildlich gesprochen bedeutet dies, daß immer weniger Substratmoleküle vor den aktiven Zentren anstehen müssen, ehe sie verarbeitet werden. Wie leicht einzusehen ist, ist so das Gesamtsubstrat aufgrund einer vergrößerten Zahl von Einzelschritten in kürzerer Zeit umwandelbar.

Aufgabe

a) Kann die Regulation der Enzymsynthese erfolgreich für die Regulation der Stoffwechselabläufe eingesetzt werden?
b) Zwei Enzyme haben die Michaelis-Konstante $K_M = 10^{-3}\,\text{Mol} \cdot l^{-1}$ und $K_M = 10^{-4}\,\text{Mol} \cdot l^{-1}$ für dasselbe Substrat. Welche Möglichkeiten sind im Stoffwechsel für das eine oder andere Enzymsystem gegeben, seine Aufgabe wahrzunehmen?

* Versuch Nr. 47: Kinetik unterschiedlicher Amylase-Konzentrationen

Prinzip und **Material:** s. Kapitel 8.1, Versuch Nr. 42

Versuchsdurchführung

Folgende Ansätze (in ml) sind zu mischen:

	1	2	3	4	5	6	7	8	9
Puffer, pH 5,3	4,0	4,0	4,0	4,0	4,0	4,0	4,0	4,0	4,0
Stärke-Lösung	2,0	2,0	2,0	2,0	2,0	2,0	2,0	2,0	2,0
Aqua dest.	1,9	1,8	1,7	1,5	1,3	1,0	0,5	–	–
Enzym-Extrakt	0,1	0,2	0,3	0,5	0,7	1,0	1,5	2,0	–
Enzym-Extrakt, gekocht	–	–	–	–	–	–	–	–	2,0

Die Ansätze werden vor und nach der Enzymzugabe gut durchmischt. Nach 2, 5 und 10 min werden jeweils 1,6 ml Proben pro Ansatz entnommen und zu einer Vorlage von 0,4 ml JKJ-Lösung in eine Küvette pipettiert. Die Extinktionen der Ansätze werden bei 580 nm Wellenlänge im Photometer bestimmt. Die Extinktion der Nullprobe wird als Ausgangswert benützt.

Aufgabe

a) Die Reaktionsgeschwindigkeit (Extinktionsänderung · min^{-1}) wird gegen die Zeit für verschiedene Enzymkonzentrationen aufgetragen!
b) Die Reaktionsgeschwindigkeit ist für die Zeitintervalle zwischen 2. und 5. Minute und 5. bis 10. Minute zu bestimmen und gegen die Enzymkonzentration (ml Extrakt) aufzutragen!

Versuch Nr. 48: Kinetik unterschiedlicher Urease-Konzentrationen

Prinzip und **Material:** s. Kapitel 8.1, Versuch Nr. 45

Versuchsdurchführung

Zu 20 ml Harnstoff-Lösung (10%) werden jeweils 1 ml Urease-Lösung unterschiedlicher Konzentration gegeben. Entweder werden die Stromflußänderung oder die pH-Wertverschiebung bestimmt. Dies soll in 1minütigem Abstand geschehen.
Die Urease-Lösung (1 g/100 ml H_2O) soll für die Ansätze variiert werden:
Verdünnung der Stammlösung 1 : 10, 1 : 100, 1 : 1000, 1 : 10000.

Aufgabe

a) Der Umsatz (Stromfluß, pH-Wert) soll gegen die Zeit in einer Kurve aufgetragen werden, wobei nach den verschiedenen Enzymkonzentrationen differenziert werden soll.
b) Der Umsatz · min^{-1} wird gegen die Enzymkonzentration aufgetragen, nach verschiedenen Zeiten variiert.
c) Überprüfen Sie, ob die Enzymwirkung (= Stromflußänderung · min^{-1}) der Enzymkonzentration proportional ist!

Die in Kapitel 8.1 aufgeführten Enzymsysteme, die dort in ihrer Wirkung in Abhängigkeit von der Substratkonzentration gezeigt wurden, können natürlich auch nach der notwendigen Umgestaltung der Ansätze unter der hier erörterten Fragestellung angewendet werden.

8.3 Der Einfluß von Hemmfaktoren

Wie in Kapitel 7.2 schon einmal kurz angedeutet worden ist, gibt es eine Reihe weiterer, zumeist negativ auf die Reaktionsgeschwindigkeit gerichteter Steuerungseffekte im Organismus. Substanzen, dem eigentlichen Substrat mehr oder weniger ähnlich, können sich häufig auch an das Enzymmolekül anlagern und seine Reaktionsfähigkeit beeinflussen.

8.3.1 Substrathemmung

In der schematischen Darstellung zur Michaelis-Menten-Kinetik ist mit der Situation D (Abb. 32) die Ausgangsposition für eine *Substrathemmung* angedeutet. Im Zellstoffwechsel wird es immer wieder vorkommen, daß plötzlich ein Substrat sich sehr stark anhäuft, sei es nur, weil es von außen im Überfluß zugeführt worden ist. Ausgleichsmöglichkeiten wären über eine schnelle gesteuerte Zufuhr von Enzymmolekülen aus anderen Zellteilen oder von Nachbarzellen oder gar über eine Enzymsynthese gegeben. Diese Maßnahmen sind aber mit einer gewissen Latenzzeit verbunden, so daß sie nicht sofort wirksam werden können. Auf der anderen Seite kann man auch annehmen, daß die Zelle eine gewisse Zeit braucht, um ihr gesamtes System auf diesen veränderten Sachverhalt einzustellen. Es kommt vor, daß bei einer Anhäufung des Substrats um einen schon gesättigten Enzym-Substrat-Komplex sich eine Verlangsamung des Reaktionsablaufes über die Maximalgeschwindigkeit hinaus einstellt.

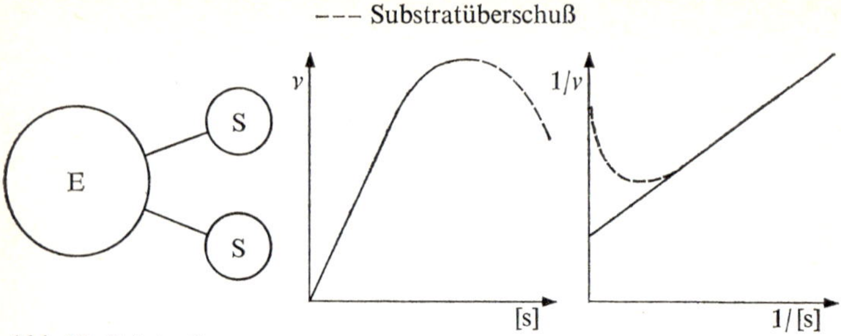

Abb. 35. **Substrathemmung**

Die Begründung liegt zum einen in der Bildung eines inaktiven Doppelsubstrat-Enzym-Komplexes oder zum anderen z. B. in einer sterischen Behinderung des Prozesses, der zum Zerfall des Enzym-Produkt-Komplexes unter Normalbedingungen führen würde.

Versuch Nr. 49: Substrathemmung bei der Urease-Reaktion

Prinzip: s. Kapitel 8.1, Versuch Nr. 45

Material: s. Kapitel 8.1, Versuch Nr. 45

Versuchsdurchführung

In der gleichen Art und Weise wie in Versuch Nr. 45 sollen die Messungen durchgeführt werden. Die Meßreihe soll nur durch folgende Harnstoffkonzentrationen noch ergänzt werden: 1,25 % ; 2,5 % ; 5 % ; 10 %. Diesen Ansätzen wird jeweils auch nur 1 ml der Urease-Lösung zugesetzt.

Aufgabe

a) Die Reaktionsgeschwindigkeit (Stromflußänderung · min^{-1}) ist zwischen der 2. und 3. Minute zu ermitteln und im Michaelis-Menten-Diagramm gegen die Substratkonzentration aufzutragen!
b) Das Lineweaver-Burk-Diagramm ist zu erstellen.

Versuch Nr. 50: Substrathemmung bei der Katalase-Reaktion

Prinzip und **Material:** s. Kapitel 8.1, Versuch Nr. 46

Versuchsdurchführung

Zu den in Versuch Nr. 46 aufgezeigten Ansätzen sind noch folgende Reaktionsgemische anzusetzen (in ml):

	1–4	5	6
Aqua dest.	s. Versuch	18,0	17,0
H_2O_2, 30%	Nr. 46	2,0	3,0
Pflanzensaft (Katalase-Extrakt)		4,0	4,0

Auch hier ist nach zehn Minuten das entstandene Sauerstoffvolumen zu registrieren und gegen die eingesetzte H_2O_2-Konzentration aufzutragen.

Ergebnis

Das erzielte Ergebnis kann in zwei Richtungen diskutiert werden: zum einen kann tatsächlich eine Substrathemmung vorliegen, die aber aus anderen Überlegungen heraus für den Organismus nicht so sehr vorteilhaft wäre; zum anderen kann der Effekt aber auch ein «Artefakt» sein.

Aufgabe

Überlegen Sie, worauf dieser «Artefakt» beruhen kann? Besteht ein Zusammenhang zwischen den Alternativen?

8.3.2 Kompetitive Hemmung

Da die Steuerung einer Reaktion über die Substratkonzentration nur sehr bedingt Auswirkungen zeitigen kann, muß der Organismus auch auf einige Steuermechanismen zurückgreifen können, die ihm schnelle Anpassungsmöglichkeiten an veränderte Stoffwechselbedingungen verschaffen. Eine Form ist mit der *kompetitiven Hemmung* gegeben. Kompetitive Hemmung tritt bei strukturanalogen oder strukturverwandten Substanzen auf, Substanzen, die also auch eine enge Beziehung zum für sie geformten aktiven Zentrum haben. Aus diesem Grunde gehört auch die Hemmung durch ein Reaktionsprodukt als Sonderfall in diese Kategorie der Steuerungen; hier besteht ja eine ausgezeichnete Paßform zum Enzymmolekül und dem aktiven Zentrum. Da das eigentliche Substrat und der Inhibitor sich von der Struktur so sehr ähneln können, kann der Ausschlußmechanismus in Form der absoluten Substratspezifität des Enzyms nicht in vollem Umfang wirken. Der Inhibitor hat ebenfalls die Möglichkeit, das aktive Zentrum zu besetzen.

Bei der kompetitiven Hemmung besteht nun ein Konkurrenzkampf zwischen Substrat und Inhibitor um das aktive Zentrum der anwesenden Enzymmoleküle. Die Konzentration der Kontrahenten und die **Affinität** des Enzyms ($1/K_M$ = *Affinitätskonstante)* zu den beiden Substanzen entscheiden über die Bindung des einen oder anderen.

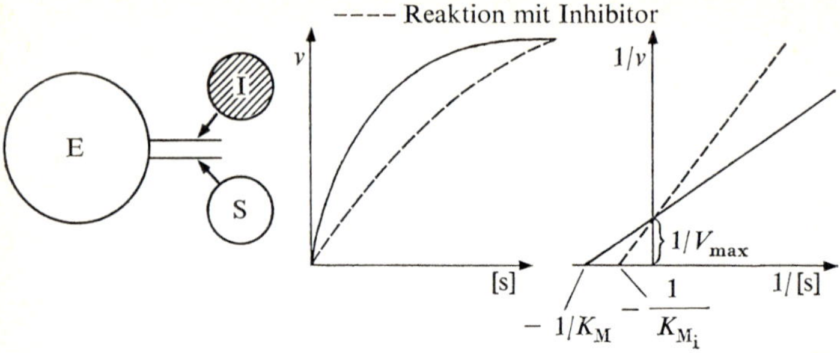

Abb. 36. **Kompetitive Hemmung**

Erhöht sich im Verlauf der Stoffwechselreaktionen die Konzentration des Substrats, so kann es bei gleichbleibender Inhibitor-Konzentration die Inhibitor-Moleküle aus den aktiven Zentren verdrängen. Da in jedem Falle einige Enzymmoleküle ganz «normal» arbeiten können, verändert sich die Reaktionsgeschwindigkeit nicht, während die Michaelis-Konstante K_M eine «scheinbare» Veränderung erfährt. Die Substratkonzentration, bei der die Reaktion mit halbmaximaler Geschwindigkeit verläuft, muß größer sein, wenn ein Inhibitor gleichzeitig aktive Zentren besetzt.

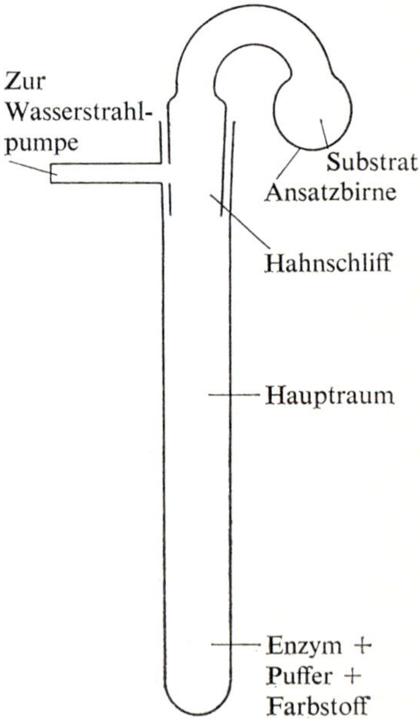

Versuch Nr. 51: Kompetitive Hemmung bei der Succinat-Dehydrogenase

Abb. 37. **Thunberg-Röhrchen** (nach E.-E. Bruchmann, Biochemisches Praktikum, Parey Verlag, Berlin 1966, S. 69)

Prinzip

Methylenblau wird in diesem Reaktionsansatz als unphysiologischer Akzeptor verwendet. Das Reaktionsgemisch befindet sich unter Abschluß von der Außenwelt in einem geschlossenen System, den Thunberg-Röhrchen.

Material

a) Succinat-Dehydrogenase-Extrakt (Herstellung s. Kapitel 6)
b) Natrium-Succinat-Lösung, 2% und 4%
c) Natrium-Malonat-Lösung, 2%
d) Aqua dest.
e) Thunberg-Röhrchen (Schliffe gefettet)
f) Reagenzgläser
g) Pipetten, 0,5 ml, 1 ml, 5 ml
h) Wasserstrahlpumpe
i) Wasserbad, 30–40 °C
j) Stoppuhr
k) Methylenblau-Lösung, 0,005%

Versuchsdurchführung

Der Enzymextrakt ist nach Überstand und Partikelfraktion zu unterscheiden. Die Ansätze sind wie folgt zusammenzustellen, wobei in alle Thunberg-Röhrchen einheitlich 1 ml der 0,005%igen Methylenblau-Lösung gegeben werden muß:

Ansatz	Thunberg-Röhrchen	Thunberg-Birne
	1 ml Methylenblau	
1	+ 5 ml Überstand	1 ml 2% Na-Succinat
2	+ 5 ml Überstand	1 ml H_2O (Nullprobe)
3	+ 5 ml Partikelfraktion	1 ml 2% Na-Succinat
4	+ 5 ml Partikelfraktion	1 ml H_2O (Nullprobe)
5	+ 5 ml Partikelfraktion	0,5 ml Na-Succinat 2% 0,5 ml Na-Malonat 2%
6	+ 5 ml Partikelfraktion	0,5 ml 4% Na-Succinat 0,5 ml 2% Na-Malonat
7	+ 5 ml Partikelfraktion 1 ml 2% Na-Succinat	–

Röhrchen 7 wird an der Luft stehen gelassen. Die Ansätze in den Röhrchen 1–6 werden 3 min lang mit der Wasserstrahlpumpe evakuiert und dann verschlossen. Die Schliffe sollten gefettet sein. Beim Umgang mit der Wasserstrahlpumpe ist darauf zu achten, daß der Evakuierungsvorgang in der richtigen Reihenfolge beendet wird.

Also: erst das Röhrchen verschließen, dann das Wasser abstellen, sonst schlägt das Wasser in das Röhrchen hinein!
Anschließend wird der Inhalt der Birne in das Röhrchen gekippt, gemischt, und das ganze System wird ins Wasserbad gestellt. Die Zeit bis zur völligen Entfärbung des Methylenblaus ist von diesem Zeitpunkt an zu bestimmen.

Aufgabe

a) Vergleichen Sie die Reaktionen der verschiedenen Ansätze, diskutieren Sie die Ursachen für die unterschiedliche Entwicklung!
b) Informieren Sie sich über die Position der Succinat-Dehydrogenase im Stoffwechsel (s. auch Kapitel 5 und 6)!
c) Wie verläuft die Farbänderung der Methylenblau-Lösung?

Versuch Nr. 52: Produkthemmung bei der Urease-Reaktion

Prinzip und **Material:** s. Kapitel 8.1, Versuch Nr. 45

Versuchsdurchführung

1 ml der Urease-Lösung (20 mg/10 ml) wird zu 20 ml einer 1%igen bzw. 10%igen Harnstoff-Lösung gegeben. In Zeitintervallen von 30 sec ist der Stromfluß bzw. der pH-Wert zu registrieren.

Ergebnis

Trägt man die Leitfähigkeit bzw. den pH-Wert gegen die Zeit auf, so stellt man fest, daß die Kurve mit der 10%igen Harnstoff-Konzentration flacher und mit einem niedrigeren Maximum versehen verläuft als die Kurve mit 1%iger Harnstoff-Lösung. Dies kann als Produkthemmung gedeutet werden.

Aufgabe

Warum ist die Produkthemmung im Falle dieser Urease-Reaktion für den Organismus notwendig?

* Versuch Nr. 53: Kompetitive Hemmung der L-Glutamat-Dehydrogenase durch Phenanthrolin

Prinzip: s. Kapitel 8.1, Versuch Nr. 43

Material

a) bis j) s. Kapitel 8.1, Versuch Nr. 43
k) 1,10-Phenanthrolin-Lösung, 0,01-M

Versuchsdurchführung

Folgende Ansätze sind zusammenzustellen (in ml):

	1	2	3	4	5	6
Phosphat-Puffer	1,3	1,3	1,3	1,3	1,3	1,3
Aqua dest.	0,7	0,68	0,60	0,25	0,60	–
NAD^+-Lösung	0,1	0,1	0,1	0,1	0,1	0,1
Phenanthrolin-Lösung	0,75	0,75	0,75	0,75	0,75	0,75
Glutamat-Lösung						
M = 0,02 (1 : 10)	0,05	0,075	0,15	0,5	–	–
M = 0,2	–	–	–	–	0,15	0,75
Enzym-Lösung	0,1	0,1	0,1	0,1	0,1	0,1

Startpunkt für die Reaktion ist die Enzymzugabe. Die Extinktion wird alle 30 sec 3 min lang abgelesen. Die Reaktionsgeschwindigkeit ist im Intervall zwischen 1. und 2. Minute zu bestimmen.

Aufgabe

a) Erstellen Sie das Michaelis-Menten-Diagramm und die Lineweaver-Burk-Graphik dieser Reaktion!
b) Lesen Sie aus diesen Abbildungen K_M und V_{max} ab und vergleichen Sie die gefundenen Werte mit denen aus Versuch Nr. 43!
c) Informieren Sie sich über die Struktur von 1,10-Phenanthrolin und vergleichen Sie sie mit derjenigen von L-Glutamat!

8.3.3 Nicht-kompetitive Hemmung

Neben die *kompetitive* oder *Verdrängungs-Hemmung* tritt im Organismus auch die **nicht-kompetitive** oder **irreversible Hemmung.** Sie wird in der Medizin recht häufig beim Einsatz verschiedener Medikamente ausgenützt.
Bei diesem Hemmungstyp lagert sich eine vom eigentlichen Substrat meist recht unterschiedliche Substanz an das Enzymmolekül an. Dies kann weit entfernt vom aktiven Zentrum oder auch in unmittelbarer Nähe geschehen. Beides bewirkt aber in diesem Fall, daß die Spaltungsgeschwindigkeit des Enzym-Substrat-Komplexes und damit letztlich auch die Umsatzgeschwindigkeit des Gesamtsystems vermindert wird.
Wie in Kapitel 4.3 und 7.2 schon erörtert worden ist, verläuft die Reaktion im aktiven Zentrum zumeist über Wechselwirkungen zwischen Substratmolekülen und Enzymmolekülen. Lagert sich nun an einer Stelle eine Substanz an das Enzymmolekül an und bewirkt dabei aufgrund seiner eigenen Ladungsverhältnisse eine Umorientierung in

der Eiweißkette des Enzymmoleküls, so kann das Enzymmolekül durch diese Veränderung der Sekundär- oder Tertiärstruktur zu einem weniger wirksamen Katalysator umgebaut werden. V_{max} verändert sich also, während die Bindungsverhältnisse an den substratbindenden Enzymgruppen nicht beeinflußt werden; K_M bleibt konstant.

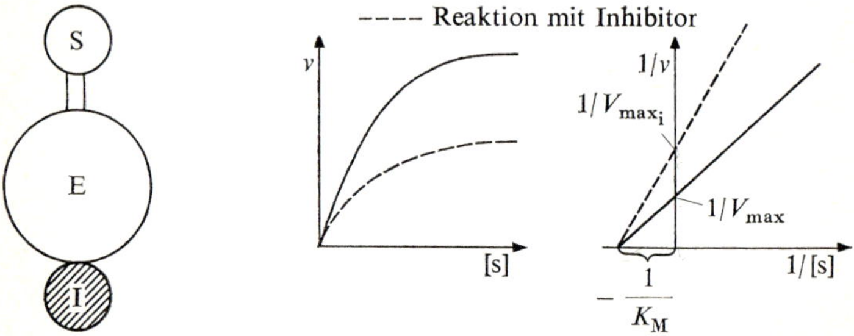

Abb. 38. **Nicht-kompetitive Hemmung**

Der Grad der Hemmwirkung auf die Reaktion ist nur von der Konzentration des Inhibitors abhängig, kann demnach nicht durch einen Überschuß an Substratmolekülen abgeschwächt werden.

Versuch Nr. 54: Nicht-kompetitive Hemmung der Glucose-Oxidase

Prinzip: s. Kapitel 7.2, Versuch Nr. 29

Material

a) bis e) s. Kapitel 7.2, Versuch Nr. 29
f) Na-p-Chlormercuriobenzoat-Lösung, 10^{-2}-M in H_2O
g) Cystein oder Mercaptoäthanol
h) Wärmeschrank, 37 °C
i) Reagenzgläser, Pipetten

Versuchsdurchführung

Zu 1,5 ml TTC, 2 ml einer Lösung aus 5 mg GOD und 1 mg PMS in 30 ml Phosphat-Puffer und 1 ml Glucose-Lösung werden 0,5 ml einer 10^{-2}-molaren, wäßrigen Lösung von Chlormercuriobenzoat gegeben. Das Gemisch wird in den Wärmeschrank gestellt. Nach 20 min wird die Formazan-Bildung kontrolliert. Vergleichen Sie dies mit einem Reaktionsgemisch ohne Inhibitor (Versuch Nr. 29). Nachdem die Kontrolle erfolgt ist, wird dem Gemisch ein Überschuß Cystein oder Mercaptoäthanol hinzugegeben, und es wird weiterhin im Wärmeschrank aufbewahrt.

Ergebnis

Der Inhibitor besetzt die **SH**-Gruppen des Enzyms, eventuell auch die des aktiven Zentrums. Die Umsatzgeschwindigkeit wird dadurch so stark gedrosselt, daß in der Beobachtungszeit noch kein Farbumschlag erfolgt. Cystein im Überschuß gestaltet diesen Prozeß reversibel, da es seinerseits mit dem Inhibitor reagiert, indem es ihm eine freie **SH**-Gruppe anbietet.

Versuch Nr. 55: Nicht-kompetitive Hemmung der Urease durch Cialit

Prinzip: s. Kapitel 8.1, Versuch Nr. 45

Material

a) bis h) s. Kapitel 8.1, Versuch Nr. 45
i) Cialit-Lösung, $5 \cdot 10^{-6}$-M (4,455 mg/200 ml H_2O)

Versuchsdurchführung

10 ml der Urease-Lösung (20 mg/10 ml H_2O) werden mit 0,05 ml der Cialit-Lösung (Endkonzentration $2{,}5 \cdot 10^{-8}$-M) vermischt und bei 0 °C 10 min lang vorinkubiert. 1 ml dieser so behandelten Enzymlösung wird dann jeweils zu 20 ml der folgenden Harnstofflösungen gegeben: 0,1%, 0,3%, 0,6%, 0,8%, 1%, 1,25%, 2,5%, 5%, 10%. Die Stromstärke oder der pH-Wert sind alle 20 sec 5 min lang abzulesen. Die Reaktionsgeschwindigkeit ist im Intervall zwischen der 2. und 3. Minute zu bestimmen.

Ergebnis

Wenn man das Ergebnis im Michaelis-Menten-Diagramm und Lineweaver-Burk-Diagramm dargestellt hat, kann man im Vergleich zu den Ergebnissen aus Versuch Nr. 45 eine Aussage über den vorliegenden Hemmungstyp machen.

* Versuch Nr. 56: Nicht-kompetitive Hemmung der Alkohol-Dehydrogenase

Prinzip: s. Kapitel 8.1, Versuch Nr. 41

Material

a) bis k) s. Kapitel 8.1, Versuch Nr. 41
l) Chlormercuriobenzoat-Lösung, 10^{-2}-M in H_2O

Versuchsdurchführung

Zu jedem der Ansätze aus Versuch Nr. 41 sind 0,3 ml der Chlormercuribenzoat-Lösung hinzuzugeben. Die weitere Behandlung erfolgt, wie es dort geschildert wurde.

Aufgabe

a) Erstellen Sie das Michaelis-Menten- und Lineweaver-Burk-Diagramm!
b) Vergleichen Sie die erhaltenen Werte für K_M und V_{max} mit denen der Reaktion ohne Inhibitor!
c) Kann die Reaktion durch einen Überschuß an Cystein reversibel gestaltet werden?
d) Überlegen Sie, wie die Inhibitoren, welche die nicht-kompetitive Hemmung auslösen, zur Aufklärung von Enzymstrukturen und von Stoffwechselketten im Organismus angewendet werden können!

8.4 Der Einfluß von Stoffwechselfaktoren (Allosterie)

Bei den bisherigen Betrachtungen der Steuerung durch kompetitive und nicht-kompetitive Hemmung sind die Eingriffe nur örtlich begrenzt für ein Enzymmolekül dargestellt worden. Es handelt sich also mehr oder weniger um eine Kontrolle auf Substratebene, deren Nachteil in der Begrenzung liegt. Der Organismus wird aber auch bestrebt sein müssen, regulierend an *Verzweigungsstellen* des Stoffwechsels oder in *lange Syntheseketten* einzugreifen. Es bedarf dazu einer gewissen Bedarfsanalyse, die so weit zurückgemeldet werden muß, daß nicht einzelne Syntheseglieder schon begonnen haben, «am Bedarf vorbei zu produzieren», ehe die Anweisung zur Einstellung der weiteren Produktion erfolgt.
Die Organismen haben dafür eine Regulationsmöglichkeit, die nicht nur an Substrate gebunden ist, sondern auch auf der Kontrolle durch Effektoren, Zwischensubstraten oder Cofaktoren, wie ATP, ADP, AMP, 3,5-c-AMP, $NAD^+/NADH + H^+$ u.a., beruht. Diese durch den Stoffwechsel gebildeten Substanzen kreisen im ganzen Organismus; ihre Konzentration in jeder Zelle kann überwacht und als Arbeitsbarometer benutzt werden. Diese Effektoren niedermolekularer Art besitzen in fast allen Fällen eine vom Substrat des Enzyms unterschiedliche, **allosterische Struktur.** Man bezeichnet deshalb die Enzyme, deren Aktivität durch solche Effektoren gesteuert werden kann, als **allosterische Enzyme.**
Alle bisher bekannten, allosterisch regulierbaren Enzyme besitzen eine *Quartärstruktur* (s. Kapitel 3) mit mehreren aktiven Zentren und einem bis mehreren Bindungsorten für allosterische Effektoren *(allosterische Zentren)*, die zumeist nicht auf den die aktiven Zentren tragenden Untereinheiten liegen.

Wie in Kapitel 8.1 beschrieben worden ist, kommt die hyperbelförmige Kennlinie bei der Darstellung der Reaktionsgeschwindigkeit in Abhängigkeit von der Substratkonzentration (Michaelis-Menten-Kinetik) dann zustande, wenn das Enzym entweder nur eine Bindungsstelle für das Substrat hat oder wenn bei Anwesenheit mehrerer Substratbindungsstellen diese kinetisch völlig unabhängig voneinander sind.

Allosterische Enzyme zeigen bei dieser Art der Auftragung eine sigmoide Kennlinie (S-förmig); dies kann man so deuten, daß es zunächst für die ersten Substratmoleküle schwierig ist, sich an das jeweilige aktive Zentrum anzulagern. Sobald aber erst einmal das erste Substratmolekül am Enzymmolekül gebunden ist, erleichtert es durch seine Anwesenheit den übrigen Substratmolekülen die Anlagerung an die noch freien aktiven Zentren im Enzymmolekül. Daraus muß man folgern, daß in einem allosterischen Enzym die substratbindenden Zentren auf den verschiedenen Untereinheiten in mehr oder weniger enger Wechselwirkung miteinander stehen, kooperieren. Als Folge der *Kooperativität* erhöht ein an eine Bindungsstelle eines Proteinmoleküls mit Quartärstruktur gebundenes Substratmolekül durch Induktion einer **Konformationsänderung** die *Affinität* der anderen Bindungsstellen zum Substrat um ein Mehrfaches. Das erste Substratmolekül bewirkt durch seine Anwesenheit, etwa in Form der Ladungsverteilung, einen Umbau im Enzymmolekül. Die Veränderung der räumlichen Struktur führt zu einer besseren Paßform der anderen aktiven Zentren im Hinblick auf die Anlagerung weiterer Substratmoleküle. Bei Bindung des zweiten Substratmoleküls wird eine weitere Affinitätssteigerung an den noch freien Stellen induziert.

Je mehr allosterische Enzyme untersucht wurden, desto heftiger entbrannte der Streit um die richtige Modellvorstellung für diesen Vorgang. Zwei Theorien werden heute nebeneinander diskutiert, und zwar die von *Monod, Wyman* und *Changeux* (MWC-Modell) und die Theorie von *Koshland, Nemethy* und *Filmer* (KNF-Modell). Für beide Modelle gibt es heute experimentelle Hinweise. Während *Koshland* und Mitarbeiter in ihrem «*Induced-fit*»-*Modell* davon ausgehen, daß die Konformationsänderung in den Untereinheiten nach Induktion unabhängig voneinander abläuft, schlagen *Monod* und Mitarbeiter ein Modell vor, in dem die Konformationsänderung aller Untereinheiten immer streng kooperativ erfolgt. Im Induced-fit-Modell gibt es Zwischenstufen auf dem Weg von nicht-aktivierten Untereinheiten zu ganzheitlich aktivierten Untereinheiten eines Enzymmoleküls. Die Wirkung des ersten gebundenen Substratmoleküls ist also nicht so stark, daß alle aktiven Zentren auf den anderen Ketten durch Struk-

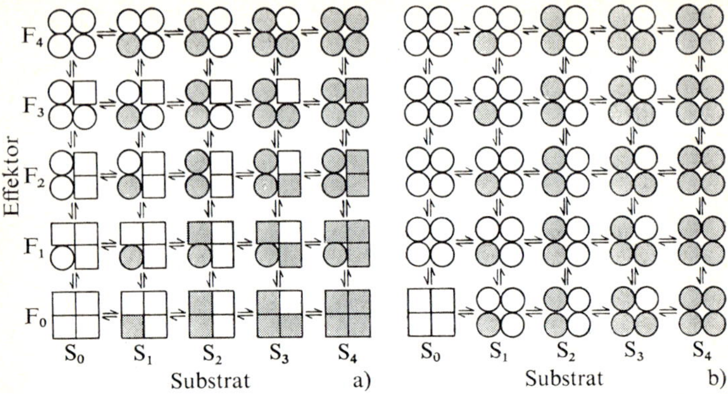

□ Zustand 1 (T)

○ Zustand 2 (R)

mit Substrat besetzte Untereinheit

Abb. 39. **Vergleich der Allosterie-Modelle** (aus: *A. Betz,* a.a.O., S. 155)

Das Enzymmolekül besteht aus vier Untereinheiten, die wiederum vier Substrat- und vier Effektorbindungsstellen aufweisen.

a) Sobald ein Effektor sich anlagert, verändert die jeweilige Untereinheit ihre Aktivität unabhängig von den anderen Untereinheiten (KNF-Modell).

b) Alle Untereinheiten ändern bei Bindung eines Effektors gleichzeitig (kooperativ) ihre Konformation und damit ihre Aktivität (MWC-Modell).

T-Form (= **t**ense) – katalytisch unwirksam
R-Form (= **r**elaxed) – katalytisch wirksam

turänderung ebenfalls in den aktivierten Zustand übergeführt werden können.

Im «*Alles-oder-Nichts*»-*Modell* von *Monod* wechseln bei Anlagerung eines Substratmoleküls an ein aktives Zentrum alle Untereinheiten von einer Struktur mit geringer Affinität über in eine Struktur mit hoher Affinität zum Substrat. Nach *Monod* gibt es demnach keine Mischkonformation innerhalb eines Enzymmoleküls.

Bei einer sigmoiden Substratsättigungskurve bewirken geringfügige Konzentrationsänderungen des Substrats sehr rasch sehr starke Umsatzkorrekturen; dies ist unter dem Blickwinkel der Stoffwechselregulation recht bedeutsam. Durch die allosterischen Effektoren kann dazu noch die Affinität der aktiven Zentren zum Substrat gesteigert oder gehemmt werden, womit die Verbindung zum Stoffwechselgeschehen noch direkter geschaffen ist.

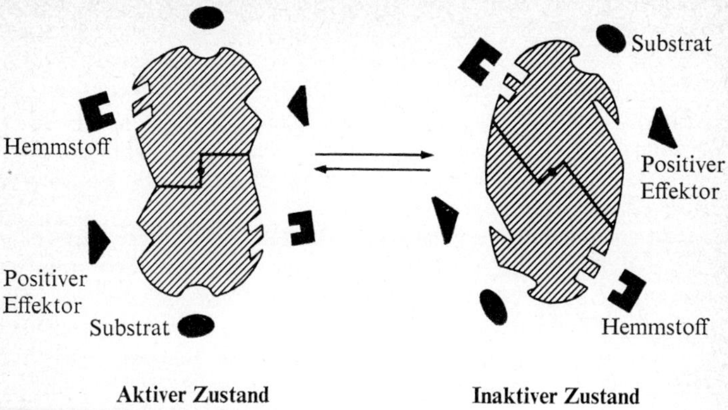

Abb. 40. **Modell der Allosterie**
nach *Monod, Wyman* und *Changeux*
(aus *L. Rensing,* a. a. O., S. 59)

An zwei besonders gut untersuchten Beispielen sollen die diskutierten Zusammenhänge kurz dargestellt werden:

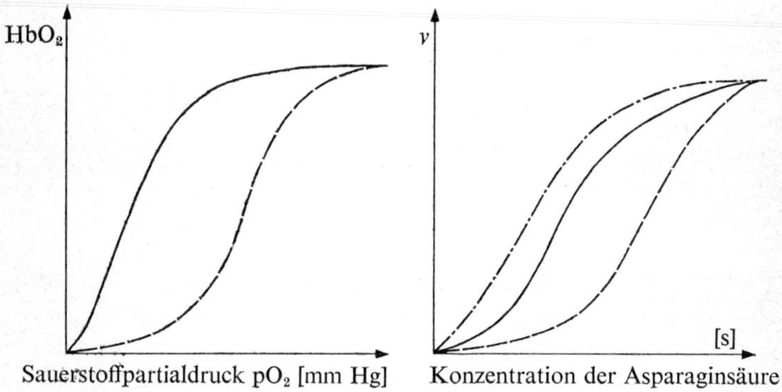

Beladung der Hämoglobin-Moleküle mit Sauerstoff

—— normale Kinetik
---- Protonierung als negativer Effektor («Bohr-Effekt»)

Kinetik der Aspartattranscarbamylase

—— normale Kinetik in Abhängigkeit von der Asparaginsäure-Konzentration
–·–·– mit ATP als Aktivator
---- mit CTP als Inhibitor

Abb. 41

Das erste Sauerstoffmolekül, das sich in die Quartärstruktur des Hämoglobin-Moleküls einlagert, erleichtert die Bindung von drei weiteren Substratmolekülen an das allosterische Protein Hämoglobin («Enzym ehrenhalber» *Dugal* 1973). Eine Protonierung (pH-Wertverschiebung), der sogenannte «Bohr-Effekt», vermindert die Affinität von Hämoglobin zum Sauerstoff, verschiebt die Sättigungskurve nach rechts und gestaltet sie flacher.
Die Aspartattranscarbamylase ist das Eingangsenzym der Pyrimidinkörper-Synthesekette, an deren Ende unter anderem das Cytidintriphosphat (CTP) gebildet wird. In einem *Feed-back-Mechanismus* kontrolliert CTP seine eigene Bildung, während Adenosintriphosphat (ATP) wiederum als Aktivator des allosterischen Enzyms dient. Vom Standpunkt des Organismus aus erscheint diese Steuerkombination angebracht, denn – gleichgeschaltet mit einer Produktion an Pyrimidinkörpern – muß ein Aufbau von Purinkörpern, wie z.B. ATP, erfolgen. Dem Substrat gleiche oder auch ungleiche Substanzen übernehmen in diesen Beispielen die Funktion allosterischer Effektoren.

Aufgabe

a) Warum ist die sigmoide Kinetik der Sauerstoffbindung an das Hämoglobin für den Körper vorteilhaft?
b) An welcher Stelle im Körpergeschehen ist der «Bohr-Effekt» von besonderer Bedeutung?

Versuch Nr. 57: Kinetik der Phosphofructokinase (PFK) in Hefezellen

Bemerkungen

Da es mit einfachen Mitteln unmöglich ist, ein allosterisches Enzym zu isolieren und seine Kinetik zu untersuchen, muß man den Umweg über ein System suchen, in dem ein allosterisches Enzym an entscheidender Stelle die Geschwindigkeit des Gesamtprozesses beeinflußt. Die Phosphofructokinase ist das geschwindigkeitsbestimmende Enzym der Glykolyse, des Prozesses, mit dem der Kohlenhydratabbau eingeleitet wird. Wenn man, wie es hier geschehen soll, die Menge des anfallenden Endproduktes **CO_2** als Meßparameter für die Reaktion benützt, dann muß man sich darüber im klaren sein, daß man nur andeutungsweise die Kinetik der PFK aufzeichnet. Aus sehr vielen Kanälen, unter Mithilfe von vielen Enzymen entsteht der **CO_2**-*Pool,* wie die Abbildung der Glykolyse es auch andeutet.
Entsprechend diesem komplizierten Wirkgefüge von verschiedenen Enzymen ist die Steuerung des allosterischen Enzyms Phosphofructokinase sehr umfangreich ausgefallen.

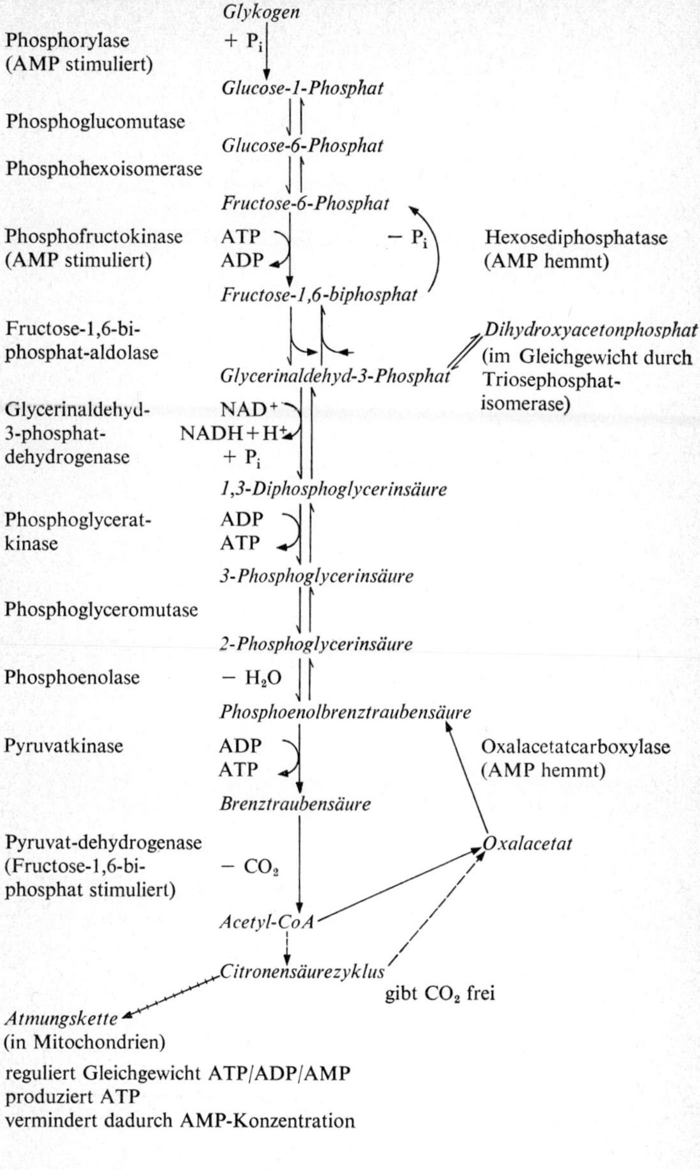

Abb. 42. Schema der Glykolyse als Beispiel für eine Stoffwechselkette unter Beteiligung mehrerer Enzyme; Phosphofructokinase als allosterisches Enzym

Die Substrate ATP und Fructose-6-phosphat (F-6-P) und auch das Produkt Fructose-1,6-biphosphat (FDP) sind über diese eigentliche Funktion hinaus noch allosterische Effektoren. Höhere Konzentrationen von ATP wirken sich negativ auf die Umsatzrate aus, während FDP als allosterischer Aktivator die Reaktion antreibt. Ein negativer Effektor ist weiterhin die Citronensäure, die damit ihre eigene Produktion schon sehr früh abblockt. Aktivatoren des Enzyms sind weitere, von den eigentlichen Substraten sehr unterschiedliche Substanzen, wie anorganisches Phosphat (P_i), Adenosindi- (ADP) bzw. Adenosinmonophosphat (AMP). Deren Konzentration kann ja nur hoch sein, wenn die Konzentration von energiereichem ATP niedrig ist. Bildungsstätte von größeren Mengen ATP sind die Mitochondrien mit ihrer Atmungskette. Hier wird also ein noch weiterer Bogen geschlagen, als er schon beim Feedback-Mechanismus der Citronensäure vorhanden war. Der Konzentration von AMP kommt eine weitere Regulationsaufgabe innerhalb der gesamten Glykolyse zu; denn sobald das Phosphorylase-System durch AMP stimuliert ist und aus den Reservekohlenhydraten Monosaccharide abspaltet, werden die anderen Enzyme in der Abbaukette auf die Aufgabe vorbereitend eingestellt und auf schnellen Durchlauf ausgerichtet.

Aufgabe

Der tierische Muskel ist ein Organ, das ganz besonders viel ATP verbraucht.

a) Klären Sie das Funktionsgefüge eines arbeitenden Muskels (Stichwort: Bandenmuster)!
b) Berechnen Sie den Energiegewinn durch ATP-Bildung in der Atmungskette, wenn ein Glucose-Molekül über die Glykolyse und den Citronensäurezyklus abgebaut wird (Gesamtzahl der ATP-Moleküle mal 29 $kJ \cdot Mol^{-1}$).

Prinzip

Der Zucker wird durch die Hefezellen vergoren. Das dabei entstehende Kohlendioxid bewirkt ein Auftreiben der Teigmasse, da es nicht frei austreten kann:

$$C_6H_{12}O_6 \rightarrow 2\ C_2H_5OH + 2\ CO_2$$

Material

a) Glucose
b) Kochsalz
c) Frische Bäckerhefe
d) Aqua dest.
e) Bechergläser
f) Meßzylinder, 1 l
g) Mehl

Versuchsdurchführung

In einem Becherglas werden 5 g Glucose, 2 g Kochsalz (hemmt Proteasen in der Hefe, die den Teig ansonsten gasdurchlässig gestalten würden) und 100 g Mehl gut durchmischt. In einem weiteren Becherglas werden 7 g Hefe in 120 ml Wasser eingerührt, zur Suspension gebracht. Diese Suspension sollte auf eine Temperatur von 35 °C eingestellt werden (warum nicht viel höher?). Die Hefesuspension wird dann in das Mehl-Zucker-Gemisch eingerührt und möglichst gleichmäßig verteilt. Dies ist der Startpunkt der Reaktion. Gießen Sie umgehend den Teig in den Meßzylinder, markieren Sie die Teighöhe. Sie sollen nun alle 5 min (zu Beginn eventuell in kürzeren Zeitabständen) ungefähr eine Stunde lang das Teigvolumen registrieren.

Aufgabe

Stellen Sie Ihre Werte graphisch dar und interpretieren Sie alle Kurvenabschnitte. Machen Sie sich auch Gedanken über den Kurvenverlauf am Ende der Reaktion, wo Sie vielleicht ein Absinken der Kurve feststellen können!
In einem Parallelansatz können Sie untersuchen, ob die Zugabe eines Phosphat-Salzes oder Citrats eine Wirkung auf das Reaktionsgeschehen hat.

9 DIE ANWENDUNG VON ENZYMEN IN BIOLOGIE UND TECHNIK

Enzyme haben gegenüber den Katalysatoren, die in der chemischen Technik eingesetzt werden, den großen Vorteil, daß sie streng spezifisch sind. Aufgrund dieser Eigenschaft, die im Laufe von Jahrmillionen durch Selektion gebildet wurde, können in einer lebenden Zelle viele chemische Reaktionen störungsfrei nebeneinander ablaufen. Die Wirkungsweisen der Enzyme sind erst seit einigen Jahrzehnten bekannt und noch längst nicht aufgeklärt; bei der Erforschung der Enzyme wurde aber schnell erkannt, daß enzymatische Methoden wegen ihrer strengen Spezifität auch für andere Bereiche der Chemie und Biologie geeignet sind. So konnte *Warburg* schon bald nach der Entdeckung der Pyridinnukleotide NAD^+ und $NADP^+$ im Jahre 1935 die Nukleotide zusammen mit den entsprechenden Enzymen zur analytischen Bestimmung von Zwischenverbindungen im intermediären Stoffwechsel benützen. Aus dieser ersten Anwendung von Enzymen in der Analytik haben sich heute viele enzymatische Test- und Diagnosemethoden entwickelt (s. *Bergmeyer* 1970). Drei dieser Methoden sollen hier stellvertretend erwähnt werden:

1. Die Blutalkoholbestimmung mit Hilfe von Enzymen liefert in der forensischen Analytik exakte Werte über die «Promille im Blut» und wird damit zu einem zuverlässigen Hilfsmittel zur Wahrheitsfindung in Gerichtsverfahren (s. Versuch Nr. 41).
2. Die stereochemische Substrat-Spezifität der Glucose-Oxidase (GOD) wird im medizinischen Labor zur qualitativen und quantitativen Bestimmung von D-Glucose benützt. Für den Arzt trägt die enzymatische Erkennung von D-Glucose im Harn oder Blutserum eines Patienten zur Diagnose des Diabetes mellitus («Zuckerkrankheit») bei (s. Versuch Nr. 29 und 59).
3. Der Nachweis der Isoenzyme Lactatdehydrogenase LDH_1 und LDH_2 im Blutserum ist ein sicherer Nachweis für einen geschädigten Herzmuskel.

Enzyme werden aber nicht nur zur Erkennung von Krankheiten herangezogen; ihre Anwendung zur Therapie erlangt immer größere Bedeutung. Auf dem Arzneimittelmarkt gibt es z. B. eine große Zahl von Präparaten mit Verdauungsenzymen, die bei Magen- und Pankreasstörungen verabreicht werden (s. Versuch Nr. 59), andere Enzympräparate dienen der Wundbehandlung.

Ein weiteres Anwendungsgebiet für Enzyme finden wir in der Nahrungs- und Genußmittelherstellung (Brotbacken mit Hefe, Vergärung von zuckerhaltigen Säften zu alkoholischen Getränken, enzymatischer Abbau von Stärke zu Zucker [Stärkeverzuckerung], Essigsäuregärung). Sammelte und verwertete man zunächst vorwissenschaftliche Erfahrungen, so werden heute bei der industriellen Herstellung der oben angeführten Nahrungs- und Genußmittel Methoden angewendet, die durch die Enzymforschung entwickelt wurden. Als jüngstes Beispiel für die Anwendung von Enzymen in der Technik sei der Zusatz von Proteasen in sog. Bio-Waschmitteln erwähnt (Versuche Nr. 60 und 61).

Versuch Nr. 58: Enzyme in Verdauungspräparaten am Beispiel des Pankreon®

Es gibt eine Reihe von Verdauungspräparaten, die ein oder mehrere Enzyme enthalten. Die folgende Liste gibt – ohne Bevorzugung eines bestimmten Präparates oder eines bestimmten Herstellers – eine Auswahl solcher Präparate und ihrer Zusammensetzung im Hinblick auf Enzyme (nach: Deutsches Arznei-Buch, DAB 7):

Enzynorm®	1 g Pulver enthält 20 mg Pepsin, 35 mg Glutaminsäure-HCl
Enzym-Lefax®	1 Kautablette enthält u.a. 50 mg Pankreatin, 15 mg Diastase, 20 mg Pepsin
Pankreon®	1 g Pulver enthält 850 mg Pankreatin (Lipase, Amylase, Proteasen)
Pansan®	1 Dragée enthält 200 mg Pepsin, 225 mg Glutaminsäure-HCl
Orogallin®	1 Dragée enthält u.a. 100 mg Pankreatin (≙ 3000 I.E. Lipase, 150 I.E. Proteasen, 3000 I.E. Amylase) und 10 mg (≙ 120 I.E.) Cellulase

Das Präparat Pankreon® kann aufgrund seiner Zusammensetzung Stärke, Fette und Eiweiße zerlegen. Zur Demonstration bzw. zum Nachweis der Amylase des Präparates wandle man den Versuch Nr. 32a unter Einbeziehung des Präparates um; zur Demonstration der Fett- und Eiweißzerlegung durch das Enzympräparat empfiehlt sich folgender Versuch:

Material

a) Frische Milch
b) Phenolphthalein-Lösung
c) Sodalösung
d) Pankreon® (Pulver oder Tablette)
e) 2 Reagenzgläser
f) Wasserbad

Versuchsdurchführung

Zwei Reagenzgläser werden je zur Hälfte mit frischer Milch gefüllt und nach Zufügen von einigen Tropfen Phenolphthalein-Lösung bis zur bleibenden Rotfärbung tropfenweise mit Sodalösung versetzt. Nach Zugabe einer Spatelspitze Pankreon®-Pulver mischt man gut durch und stellt den Ansatz in ein Wasserbad von 37 °C. Bereits nach kurzer Zeit verschwindet die Rosafärbung. Durch erneute Zugabe von Sodalösung kann die Reaktion des Gemisches erneut schwach alkalisch gemacht werden, erkennbar an der wiederkehrenden Rosafärbung. Nach einiger Zeit verschwindet die Färbung wieder.

Aufgabe

Erklären Sie den Versuch.
Warum verändert sich der pH-Wert?
(Hinweis: Protease spaltet die Peptidbindung der Proteine, Lipase spaltet Fette in Fettsäuren und Glycerin.)

Versuch Nr. 59: Nachweis von D-Glucose mit Glucose-Teststreifen

In jeder Apotheke sind gegen geringe Schutzgebühr (zur Zeit DM 0,20) Glucose-Teststreifen zu erhalten, mit denen sich D-Glucose spezifisch nachweisen läßt. Die Streifen (z.B. Glukotest®, Ratio-Test® oder Combi Uristix®) enthalten zum Glucose-Nachweis Glucose-Oxidase, Peroxidase und einen Indikatorfarbstoff (z.B. o-Tolidin), der pH-Wertverschiebungen anzeigt (s. auch Versuch Nr. 29).

Material

a) Glucose-Teststreifen
b) Saccharose
c) Fructose
d) L-Glucose
e) D-Glucose

Versuchsdurchführung

Man stellt Lösungen der verschiedenen Zucker her, hält einen Teststreifen hinein und beobachtet die Verfärbung (Anweisungen auf den Teststreifen-Packungen beachten!) Der Nachweis von D-Glucose gelingt auch, wenn verschiedene Zucker in einer Lösung vorhanden sind.

Aufgabe

Informieren Sie sich über die Regulation des Blutzuckerspiegels im menschlichen Körper!
Wann tritt «Zucker» in den Harn über? Sammeln Sie Informationen über die Zuckerkrankheit!

Versuch Nr. 60: Alkoholische Gärung

Prinzip

Hefe zerlegt bei der alkoholischen Gärung Zucker in Äthylalkohol und Kohlendioxid:

$$C_6H_{12}O_6 \rightarrow 2\,C_2H_5OH + 2\,CO_2$$

Material

a) Hefe
b) Traubenzucker
c) Kaliumdihydrogenphosphat
d) Ammoniumphosphat
e) Magnesiumsulfat
f) Kalkwasser
g) Kolben (1 l)
h) Gärröhrchen

Versuchsdurchführung

In den Kolben füllt man eine Lösung von 500 ml Leitungswasser, 50 g Traubenzucker, 1 g Kaliumdihydrogenphosphat (KH_2PO_4), 1 g Ammoniumphosphat und eine Spur Magnesiumsulfat. In die Lösung gibt man 20 g frische Hefe. Auf den Kolben setzt man nun ein Gärröhrchen (oder Gummistopfen mit Winkelrohr, das in ein Glas mit Wasser oder Kalkwasser taucht, um den Inhalt des Kolbens vom Luftsauerstoff abzuschirmen). Nach kurzer Zeit setzt in dem Kolben Gärung ein. Es steigen Bläschen auf, die das Kalkwasser im Gärröhrchen oder in der Vorlage trüben (Kohlendioxid).
Den gebildeten Alkohol kann man verhältnismäßg leicht mit einer Brennprobe nachweisen. Dazu gießt man die Flüssigkeit aus dem Gärgefäß vorsichtig vom Bodensatz ab und füllt sie in einen Kolben, der mit einem Gummistopfen und einem 50–80 cm langen Steigrohr versehen ist. Die Lösung in dem Kolben wird nach Zugeben eines Siedesteinchens vorsichtig erhitzt. Mit dem ersten Wasserdampf steigt der im Kolben befindliche Alkohol als Dampf auf und läßt sich an der Mündung des Steigrohrs entzünden.

Versuch Nr. 61: Proteasen in Bio-Waschmitteln

Seit einigen Jahren werden sog. Bio-Waschmittel angeboten, deren erhöhte Waschkraft durch den Zusatz von Enzymen bewirkt wird. Es handelt sich hierbei vornehmlich um Proteasen und Lipasen von *Bacillus subtilis, Aspergillus niger, A. orycea* oder *Streptomyces*-Arten. Die Mikroorganismen werden in speziellen Lösungen gezüchtet, abgetötet und dem Waschmittel zugesetzt. Die Enzyme gehen in Lösung und zerlegen den an dem Waschgut anhaftenden Schmutz, soweit er organischer Herkunft ist. Die Bakterienproteine, die sich in der Waschlauge lösen, können aber bei Menschen, die viel mit Bio-Waschmitteln umgehen, eine Immunreaktion anregen, die zu lästigen, nässenden Ekzemen führen kann.

Material

a) Bio-Waschmittel
b) Gewöhnliches Waschmittel
c) Bechergläser (100 ml)
d) Wasserbad
e) Thermometer
f) Belichteter und entwickelter Film

Versuchsdurchführung

In zwei Bechergläsern werden je eine Lauge von Bio-Waschmittel und gewöhnlichem Waschmittel hergestellt. Die Bechergläser stellt man in ein Wasserbad von etwa 50 °C. Nach erfolgter Temperaturangleichung legt man in jede Waschlauge ein Stück belichteten und entwickelten Filmstreifen. Vorhandene Proteasen lösen die Gelatineschicht des Films, die schwarze Silberschicht wird abgeschwemmt, der Filmstreifen wird an dieser Stelle weiß.
Anregung zur Abwandlung des Versuchs: Kochen Sie eine Bio-Waschlauge einige Male kurz auf und wiederholen Sie den Versuch mit einem geschwärzten Filmstreifen.
Zeigen Sie die Auflösung der Gelatineschicht eines geschwärzten Filmstreifens mit Hilfe eines eiweißspaltenden Enzyms (z. B. Trypsin, Pepsin).

Aufgabe

Informieren Sie sich über das Zustandekommen von Immunreaktionen beim Menschen.

10 ANHANG

10.1 Maßeinheiten

a) Längeneinheiten im Meter-System

m	Meter	
mm	Millimeter	$1 \cdot 10^{-3}$ m
μm	Mikrometer	$1 \cdot 10^{-6}$ m
nm	Nanometer	$1 \cdot 10^{-9}$ m
Å	Ångström	$1 \cdot 10^{-10}$ m

b) Masseneinheiten

kg	Kilogramm	
g	Gramm	$1 \cdot 10^{-3}$ kg
mg	Milligramm	$1 \cdot 10^{-6}$ kg
μg	Mikrogramm	$1 \cdot 10^{-9}$ kg

c) Volumeneinheiten

l	Liter	
ml	Milliliter	$1 \cdot 10^{-3}$ l
μl	Mikroliter	$1 \cdot 10^{-6}$ l

10.2 Konzentrationseinheiten

a) Molarität

Ein Mol ist die in g ausgedrückte Molekülmasse (MG).

M	molar	Mol $\cdot$ l^{-1} oder Millimol $\cdot$ ml^{-1}
mM	millimolar	Millimol $\cdot$ l^{-1} oder $1 \cdot 10^{-6}$ Mol $\cdot$ ml^{-1}
μM	mikromolar	Mikromol $\cdot$ l^{-1} oder $1 \cdot 10^{-9}$ Mol $\cdot$ ml^{-1}

b) Normalität

Val — Gramm-Äquivalent – Gramm-Äquivalent ist die in Gramm ausgedrückte Äquivalentmasse; sie ist bestimmt durch den Quotienten aus Molekülmasse und Wertigkeit.

N — normal — Val $\cdot$ l^{-1} oder mVal $\cdot$ ml^{-1}

c) Prozenteinheiten

Vol.-%	Volumenprozent – ml des gelösten Stoffes in 100 ml Lösung
Gew.-%	Gewichtsprozent – g des gelösten Stoffes in 100 g Lösung
ppm	parts per million – mg des gelösten Stoffes in 1 l

10.3 Kältemischungen

Für viele biochemische Untersuchungen benötigt man Temperaturen, die unter der eines Eisbades liegen.
Eis–Salz-Mischungen (bis − 55 °C) reichen in den meisten Fällen aus, so daß man nicht auf Mischungen aus Kohlensäureschnee und organischen Lösungsmitteln (bis − 90 °C) zurückgreifen muß.

Substanzen (in Gewichtsteilen)	Abkühlung in °C von	auf
4 Teile Eiswasser + 1 Teil KCl	+ 10	− 12
1 Teil Eiswasser + 1 Teil NH_4NO_3	+ 10	− 15
1 Teil Eiswasser + 1 Teil $NaNO_3$ + 1 Teil NH_4Cl	+ 8	− 24
3 Teile Eis (gemahlen) + 1 Teil NaCl	0	− 21
1,2 Teile Eis (gemahlen) + 2 Teile $CaCl_2$	0	− 39
1,4 Teile Eis (gemahlen) + 2 Teile $CaCl_2$	0	− 55

10.4 Indikatoren

Bei vielen chemischen Reaktionen wird der pH-Wert verschoben; dies kann man durch geeignete organische Farbanzeiger sichtbar machen.

Malachitgrün	pH 0 gelb	pH 2 grün	(s. u.)
Thymolblau	pH 1,2 rot	pH 2,8 gelb	(s. u.)
2,4-Dinitrophenol	pH 1,7 farblos	pH 2,7 gelb	
Kongorot	pH 3,0 blau	pH 5,0 rot	
Methylorange	pH 3,0 rot	pH 4,4 gelb	
Lackmus	pH 4,5 rot	pH 8,4 blau	
Bromthymolblau	pH 6,0 gelb	pH 7,6 blau	
Neutralrot	pH 6,8 rot	pH 8,0 gelb	
Thymolblau	pH 8,0 gelb	pH 9,6 blau	(s. o.)
Phenolphthalein	pH 8,3 farblos	pH 10,0 rot	
Alizaringelb R	pH 10,0 gelb	pH 12,0 braun/gelb	
Malachitgrün	pH 11,5 blau	pH 14,0 farblos	(s. o.)
1,3,5-Trinitrobenzol	pH 12,0 farblos	pH 14,0 orange	

Jodkaliumjodid-Lösung	1 g KJ + 0,5 g J_2 / 500 ml H_2O
Lugolsche Lösung	5 g J_2 + 10 g KJ werden in wenig Aqua dest. gelöst und dann mit Aqua dest. auf 100 ml aufgefüllt.

10.5 Puffergemische

▶

Puffer werden eingesetzt, wenn man eine Reaktion in einem konstanten pH-Wert ablaufen lassen will. Anfallende Ionen, vor allem H^+-Ionen, werden vom Puffer aufgenommen und können damit keine pH-Wertverschiebung auslösen.

a) Kaliumchlorid-Salzsäure-Puffer (pH-Bereich 1,0 bis 2,2)
Stammlösung A (St. A): 0,2-N KCl = 14,9 g $KCl \cdot l^{-1}$
Stammlösung B (St. B): 0,2-N HCl
Ansätze: 25 ml St. A + x ml St. B und mit Aqua dest. auf 100 ml Gesamtlösung auffüllen.

pH	1,0	1,2	1,4	1,6	1,8	2,0	2,2
ml St. B	48,50	32,25	20,75	13,15	8,40	5,30	3,35

b) Citrat-Puffer 0,1-M (pH-Bereich 2,2 bis 4,8 und 5,0 bis 6,8)
St. A: 21,0 g Citronensäure [1 H_2O] in 200 ml 1-N NaOH gelöst und mit Aqua dest. auf 1 Liter aufgefüllt.
St. B: 0,1-N HCl bzw. 0,1-N NaOH
Ansätze: x ml St. A + (100 − x) ml St. B

pH-Wert	St. A	0,1-N HCl	0,1-N NaOH
2,2	33,0	67,0	–
2,4	34,6	65,4	–
2,6	36,4	63,6	–
2,8	38,4	61,6	–
3,0	40,5	59,5	–
3,2	42,8	57,2	–
3,4	46,0	54,0	–
3,6	48,5	51,5	–
3,8	52,0	48,0	–
4,0	55,8	44,2	–
4,2	61,2	38,8	–
4,4	67,8	32,2	–
4,6	76,6	25,4	–
4,8	88,2	21,8	–
5,0	96,3	–	3,7
5,2	85,0	–	15,0
5,4	76,5	–	23,5
5,6	69,3	–	30,7
5,8	63,3	–	36,7
6,0	59,5	–	40,5
6,2	56,7	–	43,3
6,4	54,5	–	55,5
6,6	53,0	–	47,0
6,8	51,8	–	48,2

c) Phosphat-Puffer (pH-Bereich 5,0 bis 8,2)
St. A: 1/15 Mol KH_2PO_4 = 9,08 g·l⁻¹
St. B: 1/15 Mol $Na_2HPO_4 \cdot 2 H_2O$ = 11,88 g·l⁻¹
Ansätze: x ml St. A + (100 − x) ml St. B

pH-Wert	5,0	5,2	5,4	5,6	5,8	6,0	6,2	6,4	6,6
St. A	98,8	98,0	96,7	94,8	91,9	87,7	81,5	73,2	62,7

pH-Wert	6,8	7,0	7,2	7,4	7,6	7,8	8,0	8,2
St. A	50,8	39,2	28,5	19,6	13,2	8,6	5,5	3,3

d) Tris-HCl-Puffer 0,05-M (pH-Bereich 7,2 bis 9,0)
St. A: 0,2-M Trishydroxymethylaminomethan = 24,2 g·l⁻¹
St. B: 0,2-N HCl
Ansätze: 25 ml St. A + x ml St. B und mit Aqua dest. auf 100 ml Gesamtvolumen auffüllen.

pH-Wert	7,2	7,4	7,6	7,8	8,0	8,2	8,4	8,6	8,8
St. B	22,1	20,7	19,2	16,3	13,4	11,0	8,3	6,1	4,1

pH-Wert	9,0
St. A	2,5

e) Carbonat-Bicarbonat-Puffer 0,1-M (pH-Bereich 9,2 bis 10,7)
St. A: 0,2-M wasserfreies Na_2CO_3 = 21,2 g·l⁻¹
St. B: 0,2-M $NaHCO_3$ = 16,8 g·l⁻¹
Ansätze: x ml St. A + y ml St. B und mit Aqua dest. auf 100 ml Gesamtvolumen auffüllen.

pH-Wert	9,2	9,4	9,6	9,8	10,0	10,2	10,4	10,6
St. A	2,0	4,8	8,0	11,0	13,8	16,5	19,3	21,3
St. B	23,0	20,3	17,0	14,0	11,3	8,5	5,8	3,8

f) Glycin-NaOH-Puffer (pH-Bereich 8,4 bis 13,0)
St. A: 7,5 g Glycin + 5,85 g NaCl pro Liter
St. B: 0,1-N NaOH
Ansätze: x ml St. A + (100 − x) ml St. B

pH-Wert	8,4	8,6	8,8	9,0	9,2	9,4	9,6	9,8
St. A	96,5	94,8	92,1	88,5	84,2	79,0	73,2	67,7

pH-Wert	10,0	10,2	10,4	10,6	10,8	11,0	11,2	11,4
St. A	63,0	59,0	56,1	53,7	52,2	51,0	50,3	49,7

pH-Wert	11,6	11,8	12,0	12,2	12,4	12,6	12,8	13,0
St. A	48,8	47,8	46,2	43,6	40,0	33,4	24,2	7,5

Pufferlösungen aus: Documenta Geigy, Wissenschaftliche Tabellen, 6. Auflage, Basel 1960, S. 277–278.

10.6 Photometer und Lambert-Beersches Gesetz

Innerhalb der Moleküle haben die Elektronen die Möglichkeit, sich in gewissen Grenzen zwischen den Atomkernen zu bewegen. Durch Licht z.B. können sie in ihrer Eigenbewegung angeregt werden. Die Farbentstehung organischer Moleküle beruht auf dieser Anregung und hat ihre Ursache vor allem in den wandernden Elektronen von Doppelbindungen innerhalb des Moleküls.
Diese Substanzen absorbieren also Licht bestimmter Wellenlänge. Will man wissen, welche Wellenlänge des weißen Lichts für die Anregung verantwortlich ist, so muß man das Licht in seine Spektralfarben zerlegen und die Substanz jeder einzelnen dieser monochromatischen Lichtstrahlungen aussetzen und die aufgenommene Lichtmenge messen.
Ein Photometer führt diese Arbeitsschritte durch, ohne daß man sie in den meisten Fällen äußerlich beobachten könnte.
Der Lichtstrahl einer Lampe wird durch ein Prisma in die Spektralfarben zerlegt. Das Spektrum wiederum wird so auf einen Spalt gelenkt, daß gerade der Spektralbereich mit der gewünschten Wellenlänge hindurchtreten kann. Man hat also «Lichtteile» ausgefiltert. Das Licht wird auf eine Photozelle gelenkt, welche die mehr oder weniger energiereichen Wellen in elektrische Energie umwandelt und auf einem Amperemeter sichtbar werden läßt.
In diesen Strahlengang kann man nun Probesubstanzen einbringen. Da sie den Lichtdurchtritt gegenüber den Verhältnissen im reinen Luftmedium sicher behindern werden, wird letzten Endes eine geringere Strommenge im Amperemeter angezeigt werden. Für jede Probesubstanz bildet sich ein bestimmtes Verhältnis zwischen eingestrahltem Licht und durchgetretenem, transmittiertem Licht aus, das man als Extinktion bezeichnet:

$$E = \log I_0/I \qquad \text{Lambert-Beersches Gesetz}$$

E = Extinktion, I_0 = Menge des eingestrahlten Lichts, I = Menge des transmittierten Lichts.

Da jede organische Verbindung eine ihr eigene Struktur besitzt und somit auch ein eigenes Muster an absorbierenden Elektronen vorweisen kann, wird sie sich bezüglich der Absorption auch durch eine Materialkonstante von anderen Verbindungen unterscheiden, dem molaren Extinktionskoeffizienten ε. Je mehr absorbierende Elektronen, desto größer wird die Konstante ε. Dies hat auch zur Folge, daß die Menge des transmittierten Lichts geringer, die Extinktion aber größer wird. ε steht demnach in einem proportionalen Verhältnis zu E. Ebenso verhält es sich mit der Schichtdicke d der Probeküvette. Je mehr absorbierende Moleküle, nebeneinander liegend, den Lichtdurchtritt verhindern können, desto größer wird der Extinktionswert. Hat man die Schichtdicke der Küvette einmal gewählt und bleibt dabei, so ist diese Größe d für die weiteren Betrachtungen ebenfalls eine konstante Größe.

Die Konzentration der absorbierenden Moleküle in einer Probe beeinflußt die Extinktion in derselben proportionalen Abhängigkeit, wie man leicht folgern kann. Diese Größe c wird man in den Versuchsansätzen variieren wollen, um fortschreitende Prozesse beobachten zu können. Aus diesen Überlegungen folgt eine weitere Beziehung für die Extinktion einer Lösung:

$$E = c \cdot d \cdot \varepsilon$$

oder, da d und ε in einem Versuchsansatz konstant sind:

$$E \text{ proportional zu } c.$$

Hieraus ist zu ersehen, daß es nicht immer erforderlich ist, absolute Konzentrationszahlen in einem Reaktionsgemisch zu kennen, wenn man nur die Extinktionsänderung einer Substanz photometrisch verfolgen kann.

Ein kurzer, aber um so wichtigerer Hinweis zum Schluß: Photometer sind teure Präzisionsinstrumente und kein Spielzeug, auch wenn noch so viele Knöpfe vorhanden sein sollten. Photometer sind für die jeweiligen Versuche geeicht; verstellt man die Eichung durch unsachgemäßes Drehen an den Einstellknöpfen, so ist eine Menge Arbeit umsonst gewesen. Vor dem Versuch sollte sich also jeder anhand der Gebrauchsanweisung mit seinem Photometer vertraut machen!

10.7 Dialyse

Die Dialyse ist eine Methode zur Trennung von nieder- und makromolekularen Stoffen. Die Flüssigkeitsdialyse beruht im einfachsten Falle darauf, daß das in Wasser gelöste Gemisch über eine geeignete Membran mit definierter Porenweite (Cellophan) mit dem Lösungsmittel Wasser im Außenmedium in Berührung steht. Entsprechend dem Konzentrationsgefälle diffundieren die Moleküle bzw. Ionen, die die Poren passieren können, so lange durch die Membran ins Außenmedium, bis sich ein Gleichgewicht eingestellt hat. Durch Erneuern des Wassers im Außenmedium wird das Gleichgewicht gestört – erneutes Konzentrationsgefälle – und die niedermolekularen Stoffe diffundieren erneut aus dem Gemisch. Durch geeignete Zahl der Wasserwechsel kann eine vollständige Trennung des Gemisches erreicht werden bzw. kann man die Makromoleküle (Enzyme) rein gewinnen.

10.8 Hydrolyse

Bei der Hydrolyse wird ein Stoff durch Wasser zerlegt.
Beispiel aus der Proteinchemie: Ein Dipeptid kann durch Einlagerung von Wasser in seine Aminosäuren gespalten werden (s. Reaktionsgleichung auf S. 5). Die Wassereinlagerung gelingt durch Kochen des Dipeptids mit verdünnten Säuren oder Laugen. Hydrolytische Spaltung ist ebenfalls bei Polypeptiden möglich. Zur Trennung der durch die Spaltung der Peptidbindung entstehenden Aminosäuren benutzt man physikalisch-chemische Methoden, z. B. die Chromatographie.

10.9 Chromatographie

«Alle chromatographischen Verfahren sind physikalisch-chemische Methoden zur Trennung eines flüssigen oder gasförmigen Stoffgemisches. Bei diesen Verfahren wird das Gemisch mit Hilfe einer Flüssigkeit oder eines Gases – der beweglichen oder mobilen Phase – an einem festen oder flüssigen Stoff von großer Oberfläche – der stationären Phase – vorbeigeführt. Dabei tritt eine Trennung der einzelnen Substanzen des Gemisches dadurch ein, daß sie in verschiedenem Ausmaß von der stationären Phase zurückgehalten werden und daher mit verschiedener Geschwindigkeit durch dieses zweiphasige System hindurchwandern.»[1]
Bei der häufig angewendeten Papierchromatographie ist die stationäre Phase das im lufttrockenen, speziellen Chromatographiepapier immer vorhandene Wasser (ca. 4–5 %). Die mobile Phase ist ein organisches Lösungsmittel.
Über die Anwendungsmöglichkeiten und die Verfahrensweisen der Chromatographie informiere man sich am besten im obengenannten Buch von Daecke.

10.10 Fehlingsche Lösung (I und II)

Lösung I: 7 g krist. Kupfersulfat in 100 ml dest. Wasser gelöst.
Lösung II: 34,6 g Kalium-Natrium-Tartrat (= Seignette-Salz) und 12 g Natriumhydroxid (in Plätzchen) in 100 ml dest. Wasser gelöst.

Unmittelbar vor Gebrauch werden Lösung I und II im Verhältnis 1 : 1 gemischt.
Das Reagens ist nur haltbar, wenn die Lösungen getrennt aufbewahrt werden.

---

[1] H. Daecke, Chromatographie, Diesterweg-Salle, Frankfurt am Main 1974, S. 4.

10.11 Neßlers Reagenz

10 ml einer 20%igen Kaliumjodidlösung werden so lange mit einer gesättigten Quecksilber(II)-chloridlösung versetzt, bis ein bleibender Niederschlag entsteht. Man setzt 6 g festes Kaliumhydroxid hinzu und füllt mit dest. Wasser auf 60 ml auf. Nachdem sich die geringe Menge des nicht gelösten Niederschlages abgesetzt hat, hebt man die überstehende Lösung als Reagens ab.

10.12 Liste käuflicher Enzympräparate

Mehr oder weniger reine Enzympräparate werden von allen größeren Chemikalienherstellern angeboten und können über den Fachhandel bezogen werden. Reinheitsgrad und Kaufpreis stehen naturgemäß in einem engen Verhältnis, weisen jedoch innerhalb der einzelnen Hersteller eine große Schwankungsbreite auf. In dieser Zusammenstellung, die keinen Anspruch auf Vollständigkeit erhebt, sind Mittelwerte angegeben worden. Die Circa-Preise entsprechen dem Stand vom September 1976. Dem Experimentator wird empfohlen, sich vor dem Versuch einen Überblick über das Angebot verschiedener Firmen anhand von Katalogen zu verschaffen.

Alkohol-Dehydrogenase EC 1.1.1.1		100 mg	65,–	DM
α-Amylase EC 3.2.1.1		25 g	20,–	DM
Diastase		25 g	4,70	DM
Glucose-Oxidase EC 1.1.3.4	Rein. III	1 g	30,–	DM
Glutamat-Dehydrogenase EC 1.4.1.2	aus Rinderleber	50 mg	50,–	DM
Katalase EC 1.11.1.16		1 g	100,–	DM
Labpulver EC 3.4.23.4		25 g	10,80	DM
Phosphorylase a EC 2.4.1.1		500 mg	50,–	DM
Urease EC 3.5.1.5		10 g	30,–	DM
Pepsin EC 3.4.23.1		25 g	9,80	DM
Trypsin EC 3.4.21		25 g	6,40	DM
NAD^+ (Coenzym)	Rein. I	1 g	40,–	DM
	Rein. III	5 g	80,–	DM
$NADH + H^+$ (Coenzym)	Rein. II	100 mg	30,–	DM

In vielen Fällen werden auch kleinere Mengen angeboten, als sie hier angegeben worden sind; oftmals ist jedoch eine größere Charge – vorausgesetzt, sie wird dann sachgemäß gelagert – erheblich günstiger.

Die übrigen Enzyme, die in diesem Buch ebenfalls in den Versuchen Verwendung fanden, sind in den Angeboten der Firmen sehr selten oder gar nicht vertreten. Ihr Preis ist in den meisten Fällen so hoch, daß der Kauf nicht empfohlen werden kann.

11 LITERATURVERZEICHNIS

Fachbücher

Ammon, R. und *Dirscherl, W.:* Fermente – Hormone – Vitamine, Bd. I, 3. Auflage, Thieme Verlag, Stuttgart 1960

Asimov, I.: Geschichte der Biologie, Fischer-Bücherei Nr. 340, Stuttgart 1968

Bartley, W., Birt, L.M. und *Banks, P.:* Biochemie, Verlag Chemie, Weinheim 1970

Bergmeyer, H. U.: Methoden der enzymatischen Analyse, 2. Auflage, Verlag Chemie, Weinheim 1970

Betz, A.: Enzyme, Verlag Chemie, Weinheim 1974

Christen, H. R.: Thermodynamik und Kinetik chemischer Reaktionen, Studienbücher Chemie, Diesterweg-Salle / Sauerländer, Frankfurt am Main/Aarau 1974

Czihak, G., Langer, H. und *Ziegler, H.:* Biologie, Springer Verlag, Berlin/Heidelberg/New York 1976

Dickerson, R.E. und *Geis, I.:* Struktur und Funktion der Proteine, Verlag Chemie, Weinheim 1971

Dixon, M. und *Webb, C.E.:* Enzymes, 2. Auflage, Longmans, Green & Co., London 1964

Grimmer, G.: Biochemie, BI-Hochschultaschenbücher, Mannheim 1969

Gutfreund, H.: An Introduction to the Study of Enzymes, Oxford/Edinburgh 1965

Hoffmann-Ostenhof, O.: Enzymologie, Springer-Verlag, Berlin/Heidelberg/New York 1954

Hofmann, E.: Dynamische Biochemie, Teil II, Akademie-Verlag, Berlin 1970

Karlson, P.: Kurzes Lehrbuch der Biochemie, 9. Auflage, Thieme Verlag, Stuttgart 1974

Klotz, I.M.: Energie biochemischer Reaktionen, Thieme Verlag, Stuttgart 1971

Lehninger, A.L.: Bioenergetik, Thieme Verlag, Stuttgart 1970

Rauen, H.M.: Biochemisches Taschenbuch, Springer Verlag, Berlin/Heidelberg/New York 1964

Rensing, L.: Biologische Rhythmen und Regulation, Fischer Verlag, Stuttgart 1973

Richter, G.: Stoffwechselphysiologie der Pflanzen, Thieme Verlag, Stuttgart 1969

Schaefer, G.: Kybernetik und Biologie, Metzlersche Verlagsbuchhandlung, Stuttgart 1972
Todt, D. und Mitarbeiter: Funkkolleg Biologie, Bd. III und Bd. IX, Beltz Verlag, Weinheim/Basel 1973
Troll, W. und *Höhn, K.:* Allgemeine Botanik, Stuttgart 1973

Nachschlagewerke in Tabellenform:

GEIGY-Documenta, Wissenschaftliche Tabellen, Basel 1966
Enzyme Nomenclature (Recommendations on the Nomenclature and Classification of Enzymes [1964] of the International Union of Biochemistry), Elsevier, Amsterdam 1965 (neue Auflage in Vorbereitung)

Praktikumsbücher mit Versuchsanleitungen zur Enzymologie

Aebi, H.: Einführung in die praktische Biochemie, Karger, Basel 1965
Bauer, H.Ch., Hofer, R., Knapp, W. und *Moser, H.:* Zoologische Experimente, dtv-Verlag, 1974
Blunk, L.: Eiweißstoffe/Stoffwechsel, Bayerischer Schulbuchverlag, München
Bruchmann, E.-E.: Biochemisches Praktikum, Parey Verlag, Berlin 1966
Christen, H.R. und *Freytag, K.:* Chemie organischer Naturstoffe, Studienbücher Chemie, Diesterweg-Salle/Sauerländer, Frankfurt am Main/Aarau 1974
Gräser, H.: Biochemisches Praktikum, Vieweg Verlag, Braunschweig 1971
Klett-Kartei Enzymatik, Klett Verlag, Stuttgart
Klein, K.: Praktische Biochemie, Quelle & Meyer, Heidelberg 1975
Knodel, H., Bäßler, U. und *Haury, A.:* Biologie-Praktikum, Metzlersche Verlagsbuchhandlung, Stuttgart 1973
Pilhofer, W.: Biochemische Grundversuche, Praxis-Schriftenreihe Chemie, Aulis Verlag, Köln 1973

Zeitschriftenartikel

Dugal, B.S., Allosterie und Kooperativität bei Enzymen des Stoffwechsels, BiuZ **3** (2), 40–50, 1973
Häfner, P. und *Matejka, H.:* Schülerversuche zur Reaktionskinetik von Enzymen im Biologieunterricht, MNU **28** (2), 113–117, 1975

Kirschner, K.: Strukturelle Flexibilität und Enzymfunktion, Naturwissenschaften **56**, 232–237, 1969

Koshland, D.E., Nemethy, G. und *Filmer, D.:* Comparison of Experimental Binding Datas and Theoretical Models in Proteins Containing Subunits, Biochemistry **5**, 365–385, 1966

Monod, J., Wyman, J. und *Changeux, J.-P.:* On the Nature of Allosteric Transition, A Plausible Model, Journal of Molecular Biology **12**, 88–118, 1965

Reinert, G.-B., Mackenroth, W. und *Scheibe, R.:* Natur und Wirkung der Enzyme, Praxis d. Naturw. **23** (6), 141–153, 1974

Reiß, J.: Versuche mit Glucose-Oxidase, Chemie i. u. Z. **4** (2), 61–63, 1970

Theorell, H.: Enzymforschung früher und heute, Naturw. Rdsch. **23** (4), 129–131, 1970

Zöller, W. W.: Enzyme – Katalysatoren der Zelle, Biologieunterricht **5** (4), 29–56, 1969

Die Skripten

- «Biochemisches Praktikum für Biologen» der Universitäten Bielefeld und Göttingen
  sowie
- «Biochemisches Praktikum für Mediziner» der Universität Göttingen

dienten einigen Versuchen dieses Buches als Vorlage.

12 STICHWORTVERZEICHNIS